Augspurger · Das Lotusblütenprinzip

Das Lotusblütenprinzip

Gelassenheit im Job durch den Abperl-Effekt

Thomas Augspurger

Haufe Mediengruppe
Freiburg · Berlin · München

Bibliographische Information Der Deutschen Bibliothek

Die Deutsche Bibliothek verzeichnet diese Publikation in der Deutschen Nationalbibliographie; detaillierte bibliographische Daten sind im Internet über http://dnb.ddb.de abrufbar.

ISBN: 978-3-448-09279-0   Bestell-Nr. 00207-0001
1. Auflage 2009

© 2009, Rudolf Haufe Verlag GmbH & Co. KG
Niederlassung München
Redaktionsanschrift: Postfach, 82142 Planegg/München
Hausanschrift: Fraunhoferstraße 5, 82152 Planegg/München
Telefon: (089) 895 17-0,
Telefax: (089) 895 17-290
www.haufe.de
online@haufe.de
Produktmanagement: Bettina Noé

Lektorat: Ulrike Wachter-Eberle
Umschlag: Grafikhaus, 80469 München
Druck: Schätzl Druck, 86609 Donauwörth

Zur Herstellung dieses Buches wurde alterungsbeständiges Papier verwendet.

Inhalt

Einleitung 7

Das Lotusblütenprinzip 11

Emotionen: ein notwendiges Übel? 17

Welcher Ärger-„Typ" sind Sie oder Ihr Gegenüber? 25

Die fundamentalen Antreiber 27

Woran glauben Sie? 34

Ein pragmatisches (Ärger-) Persönlichkeitsmode l 38

Strategien zur Gelassenheit 49

Die „Wohlfühl"-Kommunikation 49

Entscheidungen gelassen treffen 78

Wohlfühl-Übungen 91

Typische Ärgersituationen und wie Sie damit umgehen 101

Kritisches Feedback optimal nutzen 102

Gelassener Umgang mit Konflikten 112

Verhandeln ohne Reue 124

Handlungsfähig trotz Restriktionen! 135

Entspannt mit der Zeit umgehen 150

Der größte „Prüfstein" für Gelassenheit: Beziehungen 162

Zusammenfassung und Gelassenheits-Checkliste 176

Schlusswort 181

Film- und Literaturtipps 183

Einleitung

Die Lotusblüte gibt der Wissenschaft nach wie vor Rätsel auf: Wie schafft sie es, dass ihre Blätter nicht nur Wasser abweisen können, sondern gegen jegliche Form der Verschmutzung quasi immun sind? Wie entwickelt sie ihre makellose Schönheit und Reinheit, wachsend auf Morast? Weder Pilze noch andere (für die Pflanze) schädliche Organismen haben eine Chance, die Entwicklung der Lotusblüte zu beinträchtigen.

Nein, keine Angst! Sie haben sich nicht vergriffen. Dies ist kein Biologie- oder Pflanzenlehrbuch, sondern ein Ratgeber, wie Sie gelassener mit kritischen (Business-) Situationen umgehen können. Bei der überwiegenden Mehrzahl meiner Trainings- und Beratungsaufträge stellte sich das Thema Gelassenheit als wesentlich für den (Business-) Erfolg heraus. Und zwar völlig unabhängig davon, ob der Ausgangspunkt für eine externe Unterstützung oder Beratung ein Führungs-, Verhandlungs-, Kommunikations- oder sonstiges Problem war. *Gelassenheit* und die wahrgenommene Kompetenz, die Situation positiv steuern zu können, stellen viele Menschen vor Herausforderungen. Die Seminarpraxis zeigt, dass diese Herausforderungen gemeistert werden können. Entscheidend ist hierbei, eine möglichst umfassende Herangehensweise an das Thema zu etablieren; Gelassenheit entsteht (oder eben nicht) auf mehreren Ebenen und muss ganzheitlich betrachtet werden.

Dementsprechend muss neben der Kenntnis von wesentlichen Grundlagen über Mechanismen der (hinderlichen) Emotionen auch eine Eigen- und Fremdreflexion erfolgt sein gemäß der Frage „Was ist mir und meinem Gesprächspartner wichtig?". Darüber hinaus gilt es, eine „Werkzeugbox" nach dem Motto „Wie verhalte ich mich?" kennen und anwenden zu lernen.

Doch muss ich hier auch einen „Warnhinweis" aussprechen: Gelassenheit stellt sich nicht ein, indem man ein oder zwei Tipps befolgt oder die eine oder andere Methode anwendet. Den Weg zu mehr Gelassenheit, den dieses Buch beschreibt, lässt mit dem Entdecken einer neuen Stadt z. B. während eines Urlaubs vergleichen. Touristen gehen hierbei sehr unterschiedlich vor. Während einige sich völlig auf einen Fremdenführer verlassen und diejenigen Orte und Sehenswürdigkeiten besuchen, die man gesehen haben muss, informieren sich andere mittels eines Buches und lassen sich dann treiben. Sie setzen sich in Cafes und versuchen, mit Menschen ins Gespräch zu kommen. Sie sind offen für Begegnungen und lernen die Stadt in ihrem eigenen Rhythmus kennen.

Ich bevorzuge (zumindest bei Städtereisen) die zweite Variante, weil die Erfahrung individueller und oftmals auch intensiver ist. Ähnlich verhält es sich auch mit diesem Buch. Es führt Sie nach und nach zu bestimmten Orten, ohne jedoch eine strikte Abfolge vorzuschreiben. Lesen Sie mal hier und mal dort und vor allem berücksichtigen Sie dabei *Ihren* Rhythmus. Manche Geschichten und Reflexionen laden Sie dazu ein, das Buch auch einmal zur Seite zu legen und Ihre Erkenntnisse zunächst einmal an der Realität zu prüfen.

Der Warnhinweis meint also folgendes: Gelassener zu werden, bedeutet zunächst einmal Arbeit! Sehen Sie dieses Buch dementsprechend als Reisebegleiter an, der das eigentliche Reisen, also die Arbeit an den Inhalten, jedoch nicht ersetzt. Es unterstützt Sie bei dieser Reise und beschreibt die Essenz aus der lösungsorientierten Arbeit mit über 1.000 Teilnehmern. Seien Sie wie die Lotusblüte, lassen Sie Schmutz im übertragenen Sinne abperlen, ohne jedoch den Kontakt zu Ihrer Umwelt sowie die eigene zielorientierte Handlungsfähigkeit zu verlieren.

Wie bereits erwähnt, hängt Gelassenheit im kritischen Moment von mehreren Faktoren ab, die die Grundstruktur für die Gliederung dieses Buches liefern. Zum besseren Verständnis möchte ich die Angebote kurz vertiefend erläutern, so dass Sie prüfen können, von welchen Kapiteln Sie vermutlich am meisten profitieren können. Unabhängig davon empfehle ich, dieses Buch als Grundlage für den Praxistransfer zu verstehen und nach und nach zu bearbeiten.

Um auch kritische (Business-)Situationen erfolgreich zu meistern, ist es wesentlich, dass man seine Hausaufgaben gemacht hat. Das bedeutet hier, dass man für sich analysiert hat, was der Gelassenheit im Weg steht. Welche vermeintlich hinderlichen Emotionen sind zu beachten und was bringt einen überhaupt auf die Palme? Sie werden feststellen, dass Menschen sich bereits in diesem wichtigen Punkt unterscheiden und dass es hierfür gute Gründe gibt.

Ein Großteil dieses Buches gibt Ihnen also konsequenterweise Informationen und Methoden an die Hand, die dazu dienen, die Funktionsweise von (hinderlichen) Emotionen zu verstehen und sowohl die eigene als auch fremde (Ärger-)Persönlichkeit zu analysieren.

Diese Analyse ist aus mindestens zwei Gründen bedeutsam: Zum einen hilft Ihnen das Wissen, um Ihre individuellen Ärgerauslöser, die schwierigen Situationen, distanzierter zu erleben.

Zum anderen werden Sie feststellen, dass andere sich oftmals aus guten, lösungsorientierten Gründen so verhalten, wie sie es tun und sich auf der individuellen Motivebene sehr viele Möglichkeiten für ein konstruktives Miteinander ergeben.

Neben den hierfür dienlichen Angeboten zur Persönlichkeits- und Motivanalyse, werde ich im Rahmen von sporadischen Theorieexkursen die Grundlage für einen erfolgreichen Praxistransfer im Sinne einer tiefen Gelassenheit legen. Bedeutsam sind hier Erkenntnisse aus der Wissenschaftstheorie des Konstruktivismus und der Systemtheorie. Keine Angst, das klingt furchtbar, ist aber leicht umzusetzen!

Nachdem wir theoretische Erkenntnisse mit Praxistransfer gepaart haben, beschäftigt sich der zweite Teil des Buches vorwiegend mit „echten" kritischen Situationen und dem zielorientierten Umgang damit. Hier erfahren Sie bspw. wie Sie gelassen und konstruktiv mit kritischem Feedback, feststehenden Rahmenbedingungen oder harten Verhandlungspartnern umgehen können.

Zum Schluss erwartet Sie eine Zusammenfassung, Ideen für den Praxistransfer und eine Art Gelassenheits-Checkliste, mit deren Hilfe Sie einen Ablaufplan für mehr Gelassenheit aufstellen können.

Ich wünsche Ihnen viel Spaß beim Lesen und viel Erfolg bei der Umsetzung.

Frankfurt, 18. Januar 2009

Ihr Thomas Augspurger

Hinweis: Wenn ich in diesem Buch von Führungskräften, Chefs, Coaches, Seminarteilnehmern etc. spreche, dann sind damit selbstverständlich auch weibliche Führungskräfte, Chefinnen, Seminarteilnehmerinnen etc. gemeint.

Das Lotusblütenprinzip

Wie Sie bereits wissen, ist die Lotusblüte eine erstaunliche Pflanze; Blüte und Blätter können durch Wasser und viele andere Flüssigkeiten nicht benetzt werden, so dass potentiell schädliche Einflüsse buchstäblich von ihr abperlen. Dennoch (oder gerade deshalb) hat sie sich erstaunlich gut an das vorherrschende ökologische System angepasst. So schafft sie es, ihren schlanken, hohen Stempel aus dem Morast zu erheben und eine leuchtend weiße Blüte zu entwickeln. Der Kontrast, der hier sichtbar wird, nämlich auf der einen Seite der schmutzige Untergrund und quasi erhaben auf der anderen Seite, die makellose Blume, führte zu fast mystischer Verehrung.

Abbildung 1: Die Lotusblüte

Doch widmen wir uns zunächst der Funktionalität: Die Lotusblüte unterscheidet sehr erfolgreich, ob ein externer Einfluss als „gut" markiert und zugelassen wird oder nicht. Handelt es sich z. B. um Nährstoffe, die für das Überleben essentiell sind, lässt sie es zu, dass ihre

„Systemgrenze" passiert wird. Gemäß heutiger Terminologie könnte man der Lotusblüte eine äußerst effektive Firewall attestieren, die wertvolle Informationen ins System dringen lässt, während Viren, Trojaner und Würmer konsequent abgeblockt werden. Es handelt sich also um einen sehr selektiven Austausch mit der Außenwelt.

Diese Selektivität ist bedeutsam und führte dazu, dass die Lotusblüte in östlichen Religionen als Sinnbild der Befreiung des Geistes von (allen) Anhaftungen angesehen und verehrt wird. So wird bspw. das Lotos-Sutra als bedeutendste Schrift des Mahayaha Buddhismus angesehen. Dieses Sutra, das in der heute überlieferten Form 28 Kapitel aufweist, hält Lehren des Buddhas fest. Weiterhin zählt die Lotusblüte zu den acht Glückssymbolen bzw. Kostbarkeiten des Buddhismus. Immer wieder wird sie als Sinnbild für Selbstlosigkeit, Reinheit und vor allem für das Nicht-Anhaften herangezogen.

Die Frage drängt sich auf, ob der Geist sich wirklich von allen Anhaftungen befreien sollte, oder, um im Bilde der biologischen Realität zu bleiben, er unterscheiden lernen muss, welche Information schädlich und welche wichtig bis essentiell ist. Es deutet sich an, dass ein *selektiver* Abperl-Effekt grundlegend für langfristige Gelassenheit ist. Denn die Haltung, grundsätzlich alles abperlen zu lassen, führt, wie wir noch sehen werden, eben auch nicht zu einer generellen Gelassenheit, sondern eventuell zu einem kurzfristigen Aufschieben der Herausforderungen, was langfristig wiederum neue oder noch größere Probleme nach sich zieht.

Lassen Sie uns also zusammenfassen. Es scheint so, als ob die Lotusblüte zwei Maximen anwendet, die ihren Erfolg ausmachen:

1. Immunität gegen potentiell schädliche Informationen (z. B. Pilze) durch den (reinen) Abperl-Effekt und

2. Durchlässigkeit für wichtige und essentielle „Daten" (z. B. Nährstoffe).

Nur wenn beide Lotusblüten-Maximen gewährleistet sind, entsteht die notwendige Balance, die letztlich eine erfolgreiche Koexistenz mit den vorherrschenden Umweltbedingungen möglich macht. Dies ist auch der Grund hierfür, dass ich von einem selektiven Abperl-Effekt spreche.

Übertragen wir dieses Bild auf unseren (Business-) Alltag. Kennen Sie Menschen (z. B. Kollegen, Führungskräfte oder auch Kunden), die sich nur in einem dieser Extreme bewegen? Ich bin mir fast sicher, dass dem so ist. Wie sieht bspw. jemand aus, der nur die erste Lotusblüten-Maxime beherzigt?

Es handelt sich um einen Menschen, der keinerlei externe Information durchdringen lässt. Keine Kritik, kein Bitten und Betteln kann diesen Typus von seinem Weg abbringen. Im wahrsten Sinne des Wortes perlt alles von ihm ab. Die Rückmeldungen zu seiner Person sind dementsprechend auch ambivalent. Während einige seinen unabhängigen, geradlinigen Geist bewundern („Der geht seinen Weg"), bemängeln andere sein Einfühlungsvermögen und bezeichnen ihn heimlich oder offen als Sturkopf, der niemals dazulernt.

Doch wenden wir uns nun dem Menschen zu, der nur nach der zweiten Lotusblüten-Maxime lebt: Er ist offen für jegliche externe Information und hält sie prinzipiell für „nahrhaft". Je nachdem, wie die externen Rückmeldungen ausfallen, reflektiert und ändert er sein Verhalten. Somit ist er prinzipiell sehr lern- und anpassungsfähig, allerdings auf Kosten eines „Schädlingsbefalls". Wenn dieser Typus bestimmte, für ihn schädliche Informationen übernimmt, wird er geschwächt und letztlich krank.

Die Umwelt hat ihm gegenüber ebenfalls ein ambivalentes Verhältnis. Die einen bewundern seine Anpassungsfähigkeit und wertschätzen das hohe Einfühlungsvermögen. Andere wiederum bezeichnen ihn als „Weichei" oder „Fähnlein im Wind".

Natürlich sind beide Typen in der Extremform nicht überlebensfähig, da sie entweder so lange mit ihrer Umwelt Krieg führen, bis ein Stärkerer kommt und dem ständigen Kampf ein Ende bereitet (Maxime 1). Oder sich über kurz oder lang aufreiben und an den unterschiedlichen Anforderungen, die auf sie einströmen, scheitern. Das Burnout-Syndrom und andere Krankheiten scheinen die unabwendbare Folge (Maxime 2).

Wie wir später noch sehen werden, ist weder die eine noch die andere Sichtweise überdauernd richtig oder falsch. Die Ergebnisse müssen immer an der Realität gespiegelt und gemessen werden.

Die Lotusblüte hat es offensichtlich geschafft, die goldene Mitte zu realisieren: Sie bleibt in Balance, weil sie (vermeintlich korrekt) unterscheidet, wann eine Information verwertet bzw. abgeblockt werden muss. Nur so gelingt es ihr, in einer eigentlich feindlichen und schmutzigen Welt ihre makellose Schönheit und Reinheit auszubilden.

Wenn Sie in Ihrem Arbeitsalltag mehr Gelassenheit entwickeln und sich von der potentiell schädlichen Umwelt abheben möchten, ist diese Unterscheidungsfähigkeit essentiell. Zur Verdeutlichung des Prinzips möchte ich Sie mit einer typischen Business-Situation konfrontieren, die nach meiner Erfahrung in jeder Organisation sehr häufig anzutreffen ist:

Stellen Sie sich vor, Sie machen Pause und stehen in der Kaffeeküche der Abteilung. Ihr Kollege, nennen wir ihn einmal Herr Müller, kommt sehr erregt zu Ihnen und beschwert sich lauthals über den Kollegen Meier. Herr Müller beschreibt Herrn Meier als inkompetenten Idioten, mit dem man unmöglich zusammenarbeiten kann. Diese Kommunikationsform nennt man übrigens „Dreiecks-Kommunikation", da A mit B über C spricht. A, B und C bilden somit ein hübsches Dreieck.

Wie sollten Sie reagieren? Vermuten wir einmal, wie unsere Extremtypen (Maxime 1 und 2) hier reagieren würden:

Maxime 1 würde Herrn Müller mit dem Hinweis „Ist mir doch egal" wahrscheinlich relativ schroff zurückweisen. Zunächst einmal wäre dieses Verhalten für ihn tatsächlich von Vorteil, da er nicht in den Konflikt hineingezogen wird. Langfristig wird sich jedoch der zurückgewiesene Kollege nicht mehr an ihn wenden, auch wenn er vermeintlich wertvolle Informationen hat. Dies schwächt die Anpassungsfähigkeit des Kollegen, der Maxime 1 im Extrem verfolgt, da für ihn zukünftig keine oder zumindest weniger Informationen erhältlich sein werden.

Der Typus, der Maxime 2 bevorzugt, wird sich den Konflikt vermutlich sehr genau schildern lassen, Fragen stellen und sich eventuell auch verantwortlich fühlen, zu vermitteln. Hier gerät er dann oftmals in einen Stellvertreterkrieg, der zum Ergebnis hat, dass die Kollegen sich wieder verstehen, er aber ausgegrenzt wird. Selbst wenn es nicht hierzu kommt, belastet ihn die Situation stark.

Wie würde sich nun eine ausbalancierte Lotusblüten-Persönlichkeit verhalten? Nun, zunächst einmal wäre zu prüfen, ob ein potentiell schädlicher Reiz vorliegt; wie wir bereits erörtert haben, stellt ein Konflikt zwischen Kollegen, in den man sich einmischt, durchaus eine mögliche Schädigung dar.

Weiterhin liegt keine direkte Bedrohung der eigenen Person vor, so dass man sich durchaus fragen kann, was das mit einem selbst tun hat. Wenn man sich nun auf einen Dialog einlässt, so besteht darüber hinaus die Gefahr, dass man Position für eine der Parteien ergreift, sich selbst stellvertretend mitfühlend ärgert und den Konflikt mit nach Hause nimmt. Eventuell haben sich die beiden Streithähne schon wieder versöhnt, während die eigene Beziehung zu einem oder beiden nachhaltig verändert (meistens im Sinne einer Verschlechterung) ist.

Alle diese Überlegungen führen zum Schluss, dass die Lotusblüten-Maxime 1 eigentlich dringend „Abperlen lassen" signalisiert.

Doch eine barsche Zurückweisung mündet vielleicht langfristig im Verlust von Informationen, einem Beziehungs-Abseits und der Zerstörung des eigenen (Öko-)Systems, um im biologischen Bild zu bleiben. Realisieren Sie bitte, dass Sie in dieser Situation keine Verantwortung dafür tragen, dass der Konflikt gelöst wird oder es einem oder beiden Beteiligten besser geht. Fragen Sie Herrn Müller, was denn Herr Meier zu seinem Ärger gesagt hat. In den allermeisten Fällen hat dieses klärende Gespräch nicht stattgefunden. Herr Müller macht sich lieber bei jedem anderen Luft, als die Quelle des Ärgers direkt anzusprechen. Falls Herr Müller bestätigt, dass er noch nicht mit Herrn Meier gesprochen hat, können Sie nun direkt Ihre zweite Frage platzieren: „Und wie kann ich Ihnen jetzt helfen?"

Wenn Sie mithilfe dieser Fragen die Verantwortung für die weitere Problemlösung bei Herrn Müller belassen (wo sie auch hingehört), wehren Sie erfolgreich einen „Verschmutzungsversuch" Ihrer Blätter ab. Sie werden eben nicht zum „Psychoabfalleimer" in den jeder seine Sorgen und Nöte wirft. Nichts anderes sind Sie, wenn Sie sich einfühlsam alles anhören, was das Gegenüber ärgert. Da Sie das Gespräch jedoch nicht abbrechen und Verständnis- und Unterstützungsfragen stellen, signalisieren Sie, dass Ihnen der andere durchaus wichtig ist, ohne dessen Sorgen und Ärger auf sich zu übertragen und erhalten damit vermutlich zukünftig den Zugang zu Ihrem (Öko-)System.

Falls Sie in der gleichen Situation als Führungskraft handeln und Müller und Meier Ihre Mitarbeiter sind, so müssen Sie noch konsequenter das Lotusblütenprinzip anwenden. Ihre zweite Frage lautet dann sinngemäß:

„In welcher Rolle sprechen Sie mich nun an? Soll ich mit Ihnen beiden ein Klärungsgespräch vereinbaren?". Falls die Antwort hier ein entsetztes Nein ist, wie sehr häufig in ähnlichen Situationen, weil man eigentlich einfach nur Dampf ablassen wollte, dann schlagen Sie Herrn Müller vor, das Problem mit Herr Meier zu klären und zunächst einmal selbst eine Lösung herbeizuführen.

Tipp: Analysieren Sie Ihren bevorzugten Lotusblüten-Stil

Denken Sie darüber nach, ob Sie im realen Leben eher nach Maxime 1 oder 2 handeln. Versuchen Sie ebenfalls zu analysieren, in welchen Situationen oder bei welchen Personen Sie derart vorgehen.

Bevor Sie handeln, prüfen Sie sehr genau, ob die externe Information eine potentielle Bedrohung darstellt. Wie Sie diese Analyse weiter optimieren können, behandeln die folgenden Kapitel.

Diese Analyse ist für Sie sehr bedeutsam, denn die Art und Weise, wie Sie Ihrer Umwelt begegnen, hat im Gegenzug eine starke Auswirkung darauf, wie man auf Sie reagiert. Insofern schaffen Sie selbst die Grundlage für Ihr (Öko-)System.

Ich denke, das grundlegende Prinzip ist anhand dieses Praxisbeispiels klar geworden. Die ausbalancierte Lotusblüten-Persönlichkeit besitzt eine Haltung, die ich gerne Anteil nehmende Teilnahmslosigkeit nenne. Die Teilnahmslosigkeit ist hier jedoch nicht als negativ anzusehen. Sie unterscheiden ganz bewusst, woran Sie Anteil nehmen möchten und woran nicht. Doch dieses Anteilnehmen in Form von „Und was hat Herr Meier dazu gesagt?", führt nicht dazu, dass Sie selbst involviert werden. In dieser Hinsicht ist die ausbalancierte Persönlichkeit beides: beteiligt und distanziert. Sie sieht sich weder in der Opferrolle, die alles annehmen muss, was ihr von außen präsentiert wird, noch in der Position, ungerührt alles an sich abprallen zu lassen.

Das konsequente Umsetzen des Lotusblütenprinzips setzt jedoch weitere Reflexionen und Techniken voraus, die ich Ihnen im Folgenden anbieten werde. Dazu verlassen wir teilweise die Vereinfachungen der beiden Maximen und stellen tiefer gehende Analysen an. Denn um wirklich gelassen reagieren zu können, müssen wir auch gelassen sein.

Gelassenheit wird oftmals durch eine emotionale Reaktion verhindert oder zumindest abgeschwächt. Man könnte nun natürlich versuchen, sich gänzlich von Emotionen frei zu machen. Aber ist das überhaupt wünschenswert? Gehen wir im Folgenden zunächst der Frage nach, wozu Emotionen überhaupt gut sind.

Emotionen: ein notwendiges Übel?

Wenn Seminarteilnehmer analysieren, was für sie kritische (Business-) Situationen darstellen, entdeckt man immer wieder ein gemeinsames Muster: Das kompetente, schnelle Reagieren wurde durch einen Gefühlsnebel verhindert. An erster Stelle wird häufig die Ärger-Emotion genannt; der Ärger steht einer angemessenen Reaktion oft im Weg.

Viele Teilnehmer haben mich deshalb auch mit dem Anspruch konfrontiert: „Machen Sie, dass der Ärger verschwindet. Bringen Sie mir irgendwelche Methoden bei, dass ich mich nicht mehr ärgern muss!"

Der Gedanke dahinter ist natürlich, dass man ohne hinderliche Emotionen flexibler und gelassener wäre. Doch das weitgehende Fehlen von Emotionen stellt auch nicht die Ultima Ratio dar, denn, wie wir noch sehen werden, sind diese essentiell, um überhaupt festzustellen, dass wir etwas optimieren müssen. Nur mit Hilfe des „unguten" Gefühls, das sich eventuell einstellt, sind wir in der Lage, unsere Komfortzone zu verlassen und notwendige Schritte für eine Verbesserung unserer bzw. der Situation des Umfelds einzuleiten. Emotionen dienen in diesem Sinne als Analyse- und Orientierungsberater.

Ein schönes Beispiel aus der Filmwelt findet sich in der legendären Serie „Raumschiff Enterprise" und seinen Hauptfiguren Mr. Spock und Captain Kirk. Mit Hilfe des kühlen und scheinbar der reinen Logik folgenden Außerirdischen hat der menschelnde Enterprise-Kommandant so manches Abenteuer im Weltall bestanden. Dennoch muss man feststellen, dass selbst Mr. Spock oftmals eben nicht rein logisch gehandelt hat. Denn häufig wäre es nämlich schlicht besser für ihn gewesen, diese unlogischen Wesen (Menschen) einfach im Stich zu lassen und sich auf einen ruhigen Planeten abzusetzen. Doch auch Spock empfand so etwas wie Pflichtgefühl und Verbundenheit zu seiner Crew, die offensichtlich emotionale Werte für ihn darstellten.

Äußerst düstere Szenarien, die aus dem Fehlen von Emotionen resultieren, entwirft ebenfalls der brillante Science-Fiction-Streifen „Equilibrium": Nach dem dritten Weltkrieg wurden die Emotionen als Hauptübel für alles Negative in der Welt identifiziert. Konsequenterweise versucht die Regierung nun, mit Hilfe der Droge Prozium, die Gefühle in der Bevölkerung zu unterdrücken bzw. auszumerzen. Obwohl der Hauptdarsteller als höchster Kleriker, also als Emotions-Polizist durch den Staat eingesetzt wurde, erkennt er nach und nach, dass das völlige Fehlen von Emotionen einen hohen Preis fordert.

Letztlich stellt er fest, dass Gefühle zwar ebenfalls negative Folgen aufweisen können, ihr Fehlen jedoch einen weitaus größeren Verlust für die Kunst, jedwede Innovation, die Menschlichkeit und letztlich für die Liebe darstellen würde. Nach dieser Erkenntnis, stellt sich der Hauptdarsteller gegen das eigene System und versucht dieses zu stürzen.

Man muss jedoch gar nicht so philosophisch werden, um die Notwendigkeit von Emotionen zu beschreiben: Ich vergleiche sie gerne mit einer Ampel. Die Ampel zeigt uns, wann wir fahren oder gehen dürfen und wann dies vermutlich mit gesundheitlichen Konsequenzen verbunden wäre. Auf einer viel befahrenen Straße kann diese Ampelfunktion überlebensnotwendig sein!

Eine emotionale Reaktion hat in diesem Sinne zunächst auch nur eine Signalfunktion. Sie zeigt uns mit Hilfe verschiedener physiologischer Anzeichen (Magenschmerzen, Engegefühl im Hals usw.), wenn etwas nicht in Ordnung ist und anders sein sollte. Dieser Hinweisreiz ist wesentlich und kann uns letztlich dazu dienen, notwendige Änderungen einzuleiten.

Um das Ampelbeispiel nochmals zu bemühen: Stellen Sie sich vor, dass quasi über Nacht alle Ampeln abgeschafft würden. Wie würde sich dies Ihrer Meinung nach auf die Unfallzahlen des morgigen Tages auswirken? Nun stellen Sie sich weiterhin vor, dass ab morgen kein Mensch mehr Emotionen empfinden würde. Nachdem eben noch die Straße ein sehr unsicherer Ort gewesen wäre, könnten Sie sich nun vermutlich nirgendwo mehr sicher bewegen.

Dass der Verlust von Emotionen bisweilen lebensgefährlich werden kann, zeigt ein weiteres Beispiel aus der Medizin: Es gibt Menschen mit einer angeborenen Schmerzunempfindlichkeit, sogenannte Analgetiker. Sie fügen sie selbst häufig schwere Schäden zu und erleben oftmals nicht ihr Teenageralter, da sie Körpersignale nicht wahrnehmen können.

Erinnern Sie sich an Maxime 2 des Lotusblütenprinzips? In diesem Sinne sind Emotionen wertvolle Informationen, die der möglichen Anpassung an das vorherrschende (Öko-)System dienen. Wenn man alle externen Informationen vermeidet, steht man mit seiner Umwelt nicht mehr im Austausch und dies führt unweigerlich zu dem Verlust der Anpassungsfähigkeit und somit zumindest zu einem Infragestellen der Überlebensfähigkeit.

Emotionen einfach so „wegzudrücken" wäre also falsch. Vielmehr gilt es, sich deutlich zu machen, womit wir es zu tun haben und Emotionen für unsere langfristige Gelassenheit zu nutzen.

Das kleine Einmaleins der Emotionen

Stellen Sie sich bitte folgende Situation vor: Sie sitzen mit Freunden im Biergarten und unterhalten sich. Von der Seite kommt ein 14-jähriger Junge und beginnt Sie mit „Du Dummkopf" zu beschimpfen. Unabhängig davon, ob Sie das vertrauliche Duzen noch akzeptieren können, werden Sie seine Einschätzung bezüglich Ihrer Intelligenz vermutlich nicht uneingeschränkt teilen.

Viele meiner Teilnehmer stufen eine derartige Begegnung zumindest als potentiell Ärger auslösend ein. Gedanken, die den Ärger-Prozess begleiten oder initiieren sind in etwa: „Was fällt dem Burschen ein?", „Weshalb stört der uns jetzt hier?" oder auch „Wird es jetzt gleich handgreiflich?". Der letzte Gedanke kann die Ärger-Emotion sogar in Richtung einer Furcht-/Angsttendenz verändern.

Jetzt möchte ich das Gedankenexperiment folgendermaßen fortführen: Stellen Sie sich nun vor, wie im gleichen Biergarten plötzlich ein ca. 30-jähriger Mann neben dem Jungen auftaucht, sich als Pfleger des ortsansässigen Zentrums für seelische Gesundheit vorstellt und sagt: „Bitte verzeihen Sie Markus, falls er Sie gestört hat. Der Junge ist seit fünf Jahren als schizophren diagnostiziert und verbringt den Großteil seiner Zeit in der Anstalt. Ich dachte, ich bringe ihn heute mal an die frische Luft bei dem schönen Wetter. Gerade habe ich nicht aufgepasst, entschuldigen Sie bitte nochmals die Unannehmlichkeiten."

Was passiert nun? Die Mehrzahl der Menschen, die dieses Gedankenexperiment durchgeführt haben, beschreiben, dass sie vermutlich ohne Zeitverzögerung eine neue Emotion erleben würden, nämlich Mitleid. Der Ärger ist sofort verflogen und damit auch die physiologischen Konsequenzen wie bspw. beschleunigter Puls, Schweißproduktion, Kontraktionen im Magen usw., die normalerweise damit einhergehen. Lassen Sie mich festhalten: Lediglich die Umdeutung der Situation ändert alles weitere dramatisch. Der erlebte Ärger hängt offensichtlich weniger davon ab, was tatsächlich passiert (externer Reiz), als vielmehr davon, wie man es selbst bewertet. Ich behaupte, dass keine der für uns im Businesskontext relevanten Emotionen ohne eine vorherige Bewertung entstehen. Sie müssen sich durch Ärger auslösende Gedanken zunächst einmal in den „Ärgermodus" bringen, der dann möglicherweise mit Bauchschmerzen, Herzrasen, Engegefühl in Brust und Hals usw. einhergeht.

Das folgende Schaubild zeigt diesen Prozess.

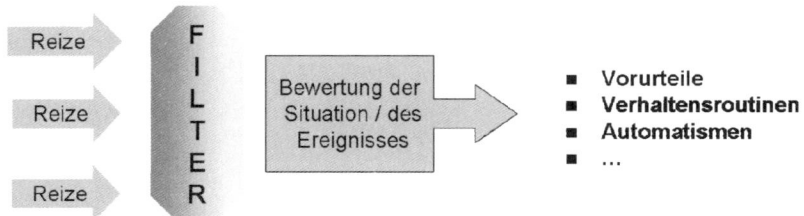

Abbildung 2: Der Bewertungsprozess

Wie Sie sehen, werden die ankommenden Reize zunächst durch einen Filter geschickt. Manche werden hier bereits ausgefiltert, man schenkt ihnen überhaupt keine Aufmerksamkeit. Diejenigen, die eine Beachtung erfahren, werden nun bewertet. Es entsteht die Fähigkeit zu handeln, da wir nun Verhaltensautomatismen nutzen können.

Was bedeutet dies anhand des Biergartenbeispiels? Kein externer (Auslöse-)Reiz, also hier die Beschimpfung mit „Du Dummkopf", vermag für sich allein genommen, eine emotionale Reaktion auszulösen. Wie Abbildung 2 zeigt, durchläuft diese Wahrnehmung einen Filter sowie einen automatischen Bewertungsprozess. Das bedeutet, dass die Ärgerreaktion dann entsteht, wenn wir den (Auslöse-)Reiz z. B. als Selbstwert mindernd, bedrohlich oder als Hindernis für unsere Zielerreichung einstufen.

Kommt unsere Bewertungsprozess allerdings zu einem anderen Ergebnis, bspw. mittels der Frage „Was hat der arme Junge denn für ein Problem?", fällt die (emotionale) Reaktion natürlich auch anders aus. Vielleicht entscheiden wir uns sogar zu einem Hilfsangebot und reagieren völlig gelassen. Dass dies schon vor tausenden Jahren erkannt wurde, zeigt eine indische Weisheit: „Ärger hat keine Augen". Das „Geschaute" muss also zunächst einmal verarbeitet und bewertet werden, bevor der Ärger auftritt.

Lassen Sie mich einen derartigen Bewertungsprozess (und seine fehlerhafte Schlussfolgerung) nochmals anhand eines Beispiels aus der Unternehmenspraxis verdeutlichen. Im Rahmen einer Vorstandssitzung, die von mir moderiert wurde, ist mir aufgefallen, dass ein Vorstandsmitglied immer ärgerlicher auf die Fragen einer Führungskraft reagierte. Das Vorstandsmitglied beschrieb die Überlegungen des Kollegiums hinsichtlich einer strategischen Vorgehensweise, während die Führungskraft zunehmend detaillierte Verständnisfragen stellte.

Mein sofortiges Reflexionsangebot wurde von beiden angenommen; es stellte sich heraus, dass das Vorstandsmitglied ärgerlich war, weil es die Nachfragen der Führungskraft als Bloßstellung einer potentiell fehlerhaften Analyse empfunden hatte.

Die Führungskraft dagegen beschrieb ihr Frageverhalten als Ausdruck von echtem Interesse. Sie wollte lediglich sicher stellen, dass die strategischen Überlegungen umfassend verstanden wurden, ohne diese jedoch zu kritisieren. Nach dem Auflösen dieser Fehlinterpretation, erläuterte das Vorstandsmitglied nun sichtlich erleichtert, welche Überlegungen vorlagen.

Der Bewertungsprozess des Vorstands war also fehlerhaft; er interpretierte eine böse Absicht in das Nachfragen der Führungskraft hinein und entpuppte sich dabei als eifriger Vertreter der Maxime 1 „Bloß nichts durchdringen lassen".

Ich habe mehrfach darauf hingewiesen, dass diese extreme Position zu langfristigen Problemen mit dem Umfeld führen kann. Hätten die beiden ihre Meinungen an dieser Stelle nicht besprochen und die Fehlinterpretation aufgedeckt, wäre daraus eine aus meiner Erfahrung allzu typische Konsequenz in Deutschlands Chefetagen entstanden, gemäß der Devise: „Ich frage lieber nicht nach, sonst werde ich sowieso wieder an die Wand gestellt." Das Ergebnis: Man tauscht sich nicht mehr aus, die Führung erwartet als maximale Reaktion Beifall und die Organisation strudelt, obwohl viele es „besser" gewusst hätten, eventuell in die Katastrophe.

Derartige Fehlinterpretationen bezeichne ich gerne als Katze-Messer-Situationen. Eiligen empfehle ich, sofort ins Internet zu gehen, YouTube aufzurufen und „Katze Messer" einzugeben. Allen anderen möchte ich diesen großartigen Werbe-Clip einer amerikanischen Kreditfirma kurz beschreiben:

Man sieht einen jungen Mann, der offensichtlich ein romantisches Abendessen vorbereitet. Er deckt den Tisch, zündet Kerzen an und hantiert in der Küche, wo er eine Tomatensoße zubereitet und Nudeln zum Kochen bringt. Beobachtet wird er dabei von der Hauskatze, die in der Küche umherstreift.

Von außen nähert sich eine junge Frau der Wohnung, man vermutet, dass es sich hierbei um die Frau oder Freundin des Mannes handelt.

Währenddessen schleicht die Katze um das Essen, springt von einer Arbeitsfläche zur anderen und reißt dabei den Topf mit der Tomatensoße in die Tiefe. Der junge Mann greift sich instinktiv mit der rechten Hand die Katze, in der linken hat er ja noch das große Küchenmesser, das beim Zwiebelschälen Anwendung fand.

In diesem Moment öffnet die Frau die Wohnungstür, blickt in die Küche und sieht ihren Freund/Ehemann, der ein großes Messer in der einen Hand und in der anderen die Katze am Genick gepackt hält. Unter den beiden befindet sich eine Pfütze roter Flüssigkeit, die offensichtlich eine zähflüssige Konsistenz hat. Der Slogan der Kreditfirma, der darauf hin eingeblendet wird, heißt: „Don´t judge too quickly. We won´t." (Urteilen Sie nicht zu schnell. Wir machen es auch nicht). Es handelt sich also um ein perfektes Beispiel für eine klassische Fehlinterpretation. Doch was bedeutet das für Ihre Gelassenheit?

Sehr häufig sind schlechte Beziehungen, Konflikte oder offen ausgetragene Aggressionen das Ergebnis einer Katze-Messer-Interpretation. Man glaubt, alles sei klar, man hat es ja mit eigenen Augen gesehen. Im obigen Beispiel bedeutet das im Fall der Frau: „Der Mann hat offensichtlich die Katze abgeschlachtet". Auch in Ihrer (Business-) Realität gibt es häufig Katze-Messer-Fehleinschätzungen bei Kollegen und Geschäftspartnern. „Hat er das absichtlich getan? Wollte er mir schaden?" sind Fragen, die man sich gerne selbst, nicht aber dem anderen stellt. Solange diese Fragen jedoch nur im eigenen Kopf bearbeitet werden, bilden sie eine wunderbare Grundlage für das Entstehen einer Ärger-Emotion.

Damit Sie nicht in die Katze-Messer-Falle tappen, ist es unbedingt notwendig, dass Sie kommunizieren und sich einige Fragen stellen:

Tipp: Gelassener Umgang mit Interpretationen
Stellen Sie die „böse Absicht" generell in Frage; die Welt versucht nicht grundlegend, Sie zu ärgern! Fragen Sie sich stattdessen, was wirklich passiert ist und aus welchen Gründen. Fragen Sie dies nicht nur sich selbst, sondern auch das Ärger auslösende Objekt. Klären Sie, ob Ihre ersten Vermutungen tatsächlich wahr sind, oder ob Sie vorschnell geurteilt haben.

In diesem Sinne kann es sehr nützlich sein, wenn Sie eine Haltung entwickeln, die grundsätzlich davon ausgeht, dass andere einem eben nicht absichtlich schaden möchten. Lediglich wenn Sie hierfür eindeutige Hinweise haben, sollten Sie entsprechend reagieren. Bevor diese aber nicht vorliegen, gilt die Unschuldsvermutung! Sie sollten Ihr Denken auch konsequent auf diese Unschuldsvermutung ausrichten und sehr wachsam sein, wenn erneut negative Gedanken aufkommen. Zwingen Sie sich konsequent dazu, die Absichtsvermutung so lange auszublenden, bis Ihnen eindeutige Beweise, bspw. eine klar belegte Absicht, vorliegen.

Wenn uns jemand auf den Fuß tritt, so ist die anschließende Ärgerreaktion abhängig davon, ob sich der andere ernsthaft entschuldigt und glaubhaft vermittelt, dass dies ein Versehen war. In diesem Fall wird der Ärger klein bis nicht mehr vorhanden sein. Falls jedoch der Eindruck entsteht, dass Absicht im Spiel war, entsteht starker Ärger. Dies kann man wiederum als Beleg dafür nutzen, dass der Reiz für sich alleine genommen (Schmerz im Fuß) nicht ausreicht, eine emotionale Reaktion auszulösen.

Dieses Beispiel verdeutlicht aber auch, dass ein wesentlicher Verstärker für ein „gelungenes" Ärgern, die wahrgenommene Absicht ist: Es macht einen großen Unterschied für einen Betroffenen, ob er dem „Ärgerauslöser" eine Absicht unterstellt oder nicht.

Was bedeutet das für Sie und den Umgang mit kritischen Situationen? Wir sind keinesfalls Opfer unserer Emotionen, sondern vielmehr Gestalter unserer Realität. Wichtig ist, dass wir die vorhandenen Informationen richtig deuten und sie weitgehend ohne Verzerrungen durch unseren Bewertungsprozess verstehen. Wenn wir dies zunehmend besser bewerkstelligen, nähern wir uns dem Ideal des Lotusblütenprinzips: Wir schaffen es, externe Informationen wahrzunehmen und möglichst neutral hinsichtlich ihres Bedrohungsgrades oder ihrer Nützlichkeit zu analysieren.

Als Hauptfaktor für ein „hinderliches" Ärgern oder einen wenig kompetenten Umgang mit kritischen Situationen kann man jedoch eine Fehleinschätzung der Situation anführen. Wir interpretieren den auslösenden Reiz schlicht falsch und müssen dann die Ergebnisse dieses Bewertungsprozesses „erleiden". Im Katze/Messer-Beispiel wären dies massive, negative Konsequenzen für die Beziehung der beiden.

Unsere aus dem Ärger resultierende Haltung, die oftmals auf Rache zielt, hat wiederum Auswirkungen auf unsere Handlungen. Wir zahlen es anderen heim, ohne dass diese verstehen, weshalb. Für sie, die sie ja ein „reines Gewissen" haben, ist unser vermeintlicher Racheakt eine unprovozierte Aggression, die es wiederum zu rächen gilt, usw. Die nun einsetzende Spirale aus Aggression und Gegenaggression lässt sich kaum noch stoppen. Alles geschieht nun, weil wir ganz am Anfang eine Absicht unterstellt haben! Seien Sie also sehr vorsichtig mit ungeprüften Anklagen.

Wie wir gesehen haben, sind die internen Bewertungsprozesse der externen Ereignisse wesentlich für alles Weitere. Wovon hängen diese Bewertungen ab?

Welcher Ärger-„Typ" sind Sie oder Ihr Gegenüber?

Im vorangehenden Kapitel habe ich Bewertungsprozesse als Vorstufe von Emotionen dargestellt. Eine **BeWERTung** heißt nichts anderes, als dass wir einem Ereignis einen Wert zumessen. Falls eine negative Bewertung vorliegt, bedeutet dies, dass ein für uns wichtiger Wert nicht berücksichtigt oder verletzt wurde und wir die Konsequenz als potentiell schädlich einstufen. Wie wir bereits gesehen haben, muss dieser Einschätzungsprozess möglichst korrekt ablaufen, damit wir wie die Lotusblüte lediglich schädigende Einflüsse daran hindern, unsere Systemgrenze zu überschreiten.

In den allermeisten Fällen jedoch, geschieht diese Bewertung quasi automatisch. Analog zu einem Virenscanner, der bestimmte Dateien in einen Spam-Ordner verschiebt, funktionieren auch in unserem Wahrnehmungsprozess verschiedene Filter. Die Aussage oder Handlung des anderen wird direkt abgeblockt und als „Spam" etikettiert, obwohl eventuell eine wichtige Information enthalten ist.

Sympathie macht hier einen großen Unterschied aus. Wenn Menschen uns sympathisch sind, besteht eine viel größere Chance, dass wir die Information unsere Systemgrenze passieren lassen als im gegenteiligen Fall. Was macht nun Sympathie oder Antipathie aus?

Um diese Frage zu klären, möchte ich Sie nochmals auf ein Gedankenexperiment einladen. Nur einmal angenommen, Sie wären Single und würden an einer mittlerweile so populären Speed-Dating-Veranstaltung teilnehmen, bei der man in sehr kurzer Zeit, viele potentielle Partner kennen lernen kann. Nehmen wir weiter an, Ihre politische Gesinnung wäre „grün", was bedeutet, dass Sie nicht nur die grüne Partei wählen, sondern sich auch bspw. im Ortsverein engagieren.

Ihr Gesprächspartner entspricht exakt Ihrem Beuteschema, was das Äußere angeht (wie dies genau aussieht, überlasse ich Ihrer Phantasie). Außerdem hat er oder sie auch eine sehr angenehme Stimme und Sie stellen ähnliche Interessen fest. Eigentlich möchten Sie bereits ein erneutes Treffen vorschlagen, weil Ihr Gegenüber extrem sympathisch auf Sie wirkt. In diesem Moment schlägt er oder sie Ihnen vor, am Wochenende doch mit auf einen Parteitag der Republikaner zu kommen, sie (oder er) wäre dort politisch engagiert und dies wäre doch eine tolle Gelegenheit, sich noch besser kennen zu lernen.

Ich wette mit Ihnen, dass die anfängliche Sympathie für Ihren Dating-Partner in diesem Moment zumindest leidet. Woran liegt das? Wahrgenommene Ähnlichkeit ist das Geheimnis! Andere Menschen sind uns dann sympathisch, wenn sie uns ähneln. Diese Ähnlichkeit kann sich bspw. äußern in

- Körperhaltung
- Sitzposition
- Sprechgeschwindigkeit
- Lieblingsworten
- Ansichten
- allgemeinen Werten usw.

Wenn uns der andere aus einem oder mehreren Gründen jedoch nicht sympathisch ist, so vermindert sich die Wahrscheinlichkeit, dass wir eine Information von ihm annehmen, dramatisch. Leider ist damit noch nichts über den Wert der Information ausgesagt. Eventuell ist der unsympathische Kerl der Einzige, der uns offen (und ehrlich) die Meinung sagt, weil er denkt, dass unsere Beziehung sich sowieso nicht mehr verschlechtern kann. Unsere Freunde haben jedoch eventuell aus falsch verstandener Rücksichtnahme bisher den Mund gehalten.
Es zeigt sich, dass es einer intelligenten Firewall bedarf. Sie sollten also ein System entwickeln, dass die Bewertung externer Reize optimiert und zwar unabhängig davon, ob Ihnen der Überbringer der Nachricht sympathisch ist oder nicht.

Wie wir gesehen haben, sind uns Menschen, die bspw. andere Werte haben als wir selbst, potentiell unsympathisch. Unsere automatische Firewall kommt dann zum Zug und blockt frei nach Maxime 1 des Lotusblütensystems alles ab, was die Systemgrenze passieren möchte.
Wenn wir es jedoch schaffen könnten, auch andere Werte zumindest ärgerfrei anzuhören und zu tolerieren, dann wären wir doch viel gelassener und könnten zielorientierter entscheiden, ob es sich um eine wertvolle oder schädigende Information handelt?
Das Zitat der französischen Schriftstellerin Madame de Stael „Alles verstehen heißt alles verzeihen." bringt diese Denke auf den Punkt. Viele Irritationen und Konflikte entstehen aus dem Unvermögen, sich in den anderen einzufühlen und diesem zu unterstellen, dass sein Handeln auf vernünftige Gründe zurückzuführen ist. Stattdessen stellen wir fest, dass der andere, weil er eben offensichtlich nicht so denkt

oder handelt, wie wir es erwarten, falsch liegen muss und grenzen uns gegen dieses „schädliche" Gedankengut ab. Wie wir bereits gesehen haben, kann diese Haltung schädliche Folgen für uns haben. Es gilt also eine Idee zu entwickeln, wie man auf Basis der eigenen Werte, andere Sichtweisen weniger als Bedrohung, sondern mehr als Ergänzung und Bereicherung erleben könnte.

Im Folgenden werden wir auf unterschiedlichen Ebenen analysieren, was für uns (aber auch für andere) von wesentlicher Bedeutung ist und damit unsere Emotionen und unser Handeln mitbestimmt. Man könnte auch fragen, „Was treibt uns eigentlich an zu tun, was wir tun und wie wir es tun?".

Die fundamentalen Antreiber

Aus dem Konzept der Transaktionsanalyse des kanadischen Psychiaters Eric Berne haben sich viele interessante Ideen entwickelt. Eine wichtige Erkenntnis ist, dass Menschen im Laufe ihrer Sozialisation unterschiedliche Antreiber entwickeln, die ihr Handeln maßgeblich bestimmen. Abbildung 3 zeigt diese im Überblick.

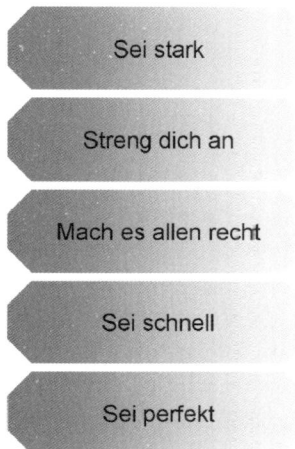

Abbildung 3: Die Antreiber

Bevor wir uns jedoch diesen Antreibern im Detail widmen, möchte ich noch eine prinzipielle Anmerkung machen, die das gesamte Kapitel betrifft.

Es gibt kein Richtig oder Falsch

Ja, Sie haben richtig gelesen. Ich bestreite, dass es ein allgemeingültiges Richtig oder Falsch gibt. Dies möchte ich wie folgt auch begründen.

Stellen Sie sich eine Ethikkommission vor, die sich bspw. tagelang zum Thema Genforschung berät. Die Wahrscheinlichkeit ist hoch, dass am Ende eine Aussage, wie „Das hängt vom Einzelfall ab" steht. Eine allgemeingültige Aussage würde eine fundamentale „Bibel" als Bewertungsgrundlage voraussetzen. Selbst Theologen unter meinen Teilnehmern haben jedoch eine derart klare Leitlinie im Wirtschaftsleben angezweifelt. Vielmehr gibt es immer gute Gründe für oder gegen ein Verhalten.

Ich möchte das nochmals an einer (zugegebenermaßen hypothetischen) Coachingsituation erläutern. Ein Manager hat große Probleme mit seinem Chef. Er äußert gegenüber seinem Coach (aufgrund der bisherigen vertrauensvollen Zusammenarbeit), dass er große Lust verspürt, seinen Chef lautstark, verbal zu beleidigen. Wie dies konkret aussehen kann, überlasse ich wiederum Ihrer (sicherlich vorhandenen) Phantasie.

Nun, Sie werden für diese Fragestellung kein Handbuch finden, das zweifelsfrei Orientierung gibt. Das folgende Schaubild bietet die Lösung:

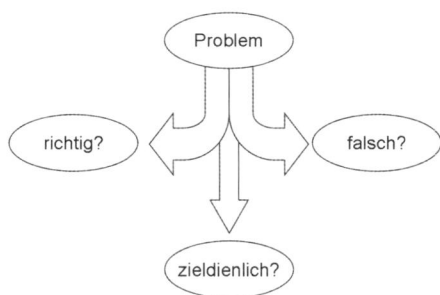

Abbildung 4: Richtig oder falsch?

Ohne ein formuliertes Ziel, kann man das vorliegende Problem nicht oder eventuell suboptimal lösen. Wenn man sich jedoch über seine Ziele klar wird, ist es relativ einfach, eine zieldienliche Handlung abzuleiten.

Wenden wir dieses Prinzip nun auf unsere Coachingsituation an. Der Coachee muss sich darüber klar werden, was sein wichtigstes Ziel ist. Falls er noch weitere zehn Jahre in dieser Organisation arbeiten und darüber hinaus eine Anzeige wegen Beleidigung vermeiden möchte, so wäre es nicht zieldienlich, dies zu tun.

Wenn es allerdings primär darum geht, die bisherigen vom Chef erlebten Demütigungen heimzuzahlen und weitergehende, eventuell negative Konsequenzen völlig gleichgültig sind, dann wäre es zieldienlich dem alttestamentarischen Motto des „Auge um Auge, Zahn um Zahn" zu folgen. Wichtig ist in beiden Fällen, dass man sich seiner Ziele bewusst ist und eben nicht unreflektiert und spontan handelt.

Ich hoffe, Sie realisieren, dass dieses Beispiel kein Plädoyer für Gegenaggression darstellt, sondern lediglich zeigen möchte, dass richtig oder falsch durch zieldienlich ersetzt werden müssen. Mit ein wenig Reflexion können wir sicherlich in jeder Situation ein bevorzugtes Ziel feststellen.

Nach diesem kurzen Exkurs, kehren wir mit dem Wissen zu unseren Antreibern zurück, dass kein einzelner für sich genommen, richtig oder falsch ist, sondern dass die Antreiber immer auch auf ihre Zieldienlichkeit in einer bestimmten Situation hin geprüft werden müssen. Leider geschieht dies in der Realität jedoch fast nie. Die Konsequenz daraus sind viele Konflikte und Probleme, die lediglich aus einer unterschiedlichen Sicht auf die Welt resultieren, die nicht oder ungenügend an dem in der Situation vorherrschenden Ziel reflektiert wurde.

Wir handeln in den meisten Situationen blind gemäß unserer Werte-Firewall. Erinnern Sie sich an das eingangs erwähnte Zitat von Madame de Stael „Alles verstehen heißt alles verzeihen."? In diesem Sinne möchte ihnen dieses umfangreiche Kapitel die Gleichberechtigung möglicher, unterschiedlicher Sichtweisen nahe bringen. Verbunden mit dem Konzept der Zieldienlichkeit, das wir gerade kennen gelernt haben, werden Sie die unterschiedlichen Sichtweisen nun nicht mehr als Bedrohung Ihres eigenen Standpunkts wahrnehmen, sondern eher als Bereicherung. Doch nun zurück zu den Antreibern, die Eric Berne vorgeschlagen hat.

Sei stark

„Ein Indianerherz kennt keinen Schmerz", so könnte man in etwa diesen Antreiber beschreiben.

Menschen, die derart motiviert sind, legen viel Wert darauf, keine Schwäche zu zeigen. Sie erdulden stoisch die Widerungen des Lebens und achten peinlich genau darauf, sich nicht zu beschweren oder ihren Unmut zu äußern. Das Schlimmste wäre für sie, als Weichei tituliert zu werden, also als jemand, der über Gebühr seine Situation beklagt oder sich als Opfer präsentiert.

Nach außen gelingt es ihnen manchmal, die Fassade aufrecht zu erhalten, allerdings zu hohen Kosten, denn niemand hat keine Schwäche. Insofern kostet es große Energie so zu tun als ob man stark wäre, auch wenn dies nicht der Fall ist. Es gibt noch ein weiteres Problem mit dem **Sei-stark-Antreiber**: Wenn man keine Schwäche zulässt oder zulassen kann, um seinen eigenen Selbstwert aufrecht zu erhalten, so ist es auch unmöglich, an den vorhandenen Schwächen zu arbeiten. Man verdammt sich quasi zu einem Verbleiben im Status quo.

Der Preis für die viele Schauspielerei ist also ein hoher energetischer Aufwand verbunden mit der vergebenen Chance auf eine Weiterentwicklung zum Besseren. Wie Sie bereits erkannt haben, tendiert der „Besitzer" dieses Antreibers am ehesten zu Maxime 1 des Lotusblütenprinzips: Er schottet sich gegen externe Reize ab und reduziert damit leider auch immer seine Anpassung.

Streng dich an

Menschen, bei denen der **Streng-dich-an-Antreiber** vorherrscht, müssen alles tun, was in ihrer Macht liegt. Sie „kämpfen" gerne und erkennen ihre eigene Anstrengung daran, dass sie viel Zeit und Energie in Projekte investieren. Oftmals sind sie die Ersten am Arbeitsplatz und machen dann erschöpft das Licht aus, weil sich die übrigen Kollegen schon lange in den Feierabend verabschiedet haben.

Ein sehr schönes Beispiel für diese Haltung liefert Julia Friedrichs, eine Journalistin, die sich mit dem Elitebegriff in der heutigen Zeit beschäftigt hat. In ihrem Buch „Gestatten Elite – Auf der Spur der Mächtigen von morgen" zitiert sie einen Manager, der Nachwuchskräften „gute" Ratschläge erteilt: „Wer 40 Stunden pro Woche arbeitet, ist ein Minderleister, ihr müsst Höchstleister sein!". Es fällt auf, dass nichts über die Qualität der Arbeit ausgesagt wird, was auf den Streng-Dich-an-Antreiber schließen lässt.

Oftmals entstehen in Familienunternehmer. enorme Konflikte bei der Stabübergabe, wenn der Firmengründer, ganz im Sinne preußischer Arbeitsethik mit einem starken Streng-Dich-an-Antreiber versehen, die Verantwortung an einen Nachfolger übergeben soll, der eher das Motto „Don't work hard, work smart" verfolgt. Der Vorwurf „Du hast ja noch nie richtig hart gearbeitet" (weil er keine 14 Stunden am Schreibtisch verbringt) wird oftmals in diesem Kontext geäußert.

Mach es allen recht

„Everybody's darling is everybody's Depp". Dieses denkwürdige Zitat stammt meines Wissens von Franz Josef Strauß. Die Essenz daraus vermittelt vielleicht die größte Schwäche des **Mach-es-allen-recht-Antreibers**: Man reibt sich zwischen den unterschiedlichen Fronten auf. Der große Vorteil liegt natürlich ebenfalls auf der Hand: Man geht sehr einfühlsam mit anderen um und versucht, in Konflikten zu vermitteln. Somit wird Harmonie als hohes Gut wahrgenommen und angestrebt. Dass Menschen mit diesem Antreiber ihr eigenes Wohlergehen jedoch hintanstellen, ist wahrscheinlich. Somit öffnen Sie ihre Systemgrenzen oftmals mehr, als im Sinne eines ausbalancierten Lotusblütenprinzips gefordert ist.

Sei schnell

Nicht die Güte oder Perfektion eines Ergebnisses ist für Menschen mit dem **Sei-schnell-Antreiber** wichtig, sondern dass sie zügig ein Resultat erzielen. Zu ausdauernde Reflexionen und Analysen werden als hinderlich und quälend erlebt. Probleme sollten zügig gelöst werden, damit man handlungsfähig bleibt. Dieser Antreiber drängt seine Vertreter dazu, keine Zeit zu vergeuden. Natürlich gibt es immer wieder Konflikte mit anderen, die den Antreiber „Sei perfekt", den ich gleich noch vorstellen werde, verkörpern. Es sei nochmals darauf hingewiesen, dass man den anderen als Ärger auslösend erlebt, nur weil beide unterschiedliche Antreiber haben. Es ist noch nichts darüber gesagt, was in dieser Situation richtig oder falsch (bzw. zieldienlich, vgl. letztes Kapitel) ist.

Sei perfekt

„Wenn man schon etwas macht, dann soll man es auch richtig machen." Diese Aussage ist geeignet, den letzten, den **Sei-perfekt-Antreiber**, zu beschreiben. Menschen, die danach handeln, möchten gut durchdachte, fehlerfreie Ergebnisse produzieren.

Ihnen ist es also wichtig, möglichst perfekt zu sein. Sie fürchten sich dementsprechend, den Erwartungen und Anforderungen anderer (oder ihren eigenen) nicht gerecht zu werden. Wie bereits erwähnt, besteht besonders mit dem Sei-schnell-Antreiber großes Konfliktpotential.

Was bedeutet dies für uns, die wir gerne gelassener wären? Zunächst einmal sehen wir bereits auf dieser Meta-Ebene, dass Menschen unterschiedlich sind und dementsprechend auch unterschiedlich handeln. Dies ist vielleicht wenig überraschend; in Kombination mit dem Hinweis, dass es kein Richtig oder Falsch gibt, jedoch äußerst aufschlussreich für die Entstehungsursache von vielen Konflikten.

Viele Menschen setzen ihren Antreiber einfach als richtig voraus, wohingegen Gesprächspartnern mit anderen Antreibern in ihrer Welt schlicht falsch liegen. Wie uns der kleine Exkurs zum Thema Zieldienlichkeit jedoch gezeigt hat, können wir auf unseren Antreiber-Filter jedoch nicht vertrauen. Es gibt (Business-)Situationen, bei denen es auf Schnelligkeit ankommt, genauso wie solche, bei denen eine nahezu perfekte Analyse gefragt ist. Leider nimmt man sich nach meiner Erfahrung jedoch oftmals nicht die Zeit, das eigentliche Ziel hinreichend festzulegen.

Machen wir den kleinen Praxistest: Was schätzen Sie, zu wie vielen Meetings, Besprechungen oder Workshops Sie in Ihrem bisherigen Berufsleben eingeladen wurden, bei denen weder zu Beginn noch am Ende den Teilnehmern eigentlich wirklich klar wurde, was das Ziel der Maßnahme war?

Je nachdem wie lange Sie bereits im Beruf stehen, tippe ich auf Hunderte bis Tausende, dies zeigt jedenfalls die gängige Praxis. Hoffentlich war wenigstens dem Einladenden klar, was er überhaupt erreichen wollte. Es macht nun einmal einen Unterschied, ob das Ziel des Meetings ist, eine Entscheidung zum Thema XYZ zu treffen, oder ob es bereits ausreicht, ein möglichst umfassendes Brainstorming abzuhalten.

Tipp: Mehr Gelassenheit in Meetings
Definieren Sie eindeutige Ziele für Ihre Besprechungen. Bereits im Einladungstext sollte dies formuliert sein, bspw. in dieser Form: „Ziel des Meetings ist es, das Budget 2009 zu verabschieden." Falls Sie Teilnehmer in einem „ziellosen" Meeting sind, haben Sie ebenfalls ein gutes Recht auf Orientierung gemäß dem Motto: „Ich würde ja gerne maximal beitragen, allerdings ist mir noch nicht ganz klar, was wir heute

> erreichen wollen. Was müsste bis XY Uhr (Meetingende) passiert sein, damit Sie (Einladender) zufrieden sind?".

Doch zurück zu unseren Antreibern. Wenn wir das Ziel in einer jeweiligen Situation sorgfältig analysieren und wissen, was unser beliebtester Antreiber ist, können wir vermutlich den uns eigenen Spam-Filter ein Stück weit nachregulieren. Wir ermöglichen damit, dass vermeintlich wertvolle Informationen unsere Systemgrenze passieren dürfen und sind nicht mehr Opfer unserer Filtersysteme (vgl. Abbildung 2). Wenn Sie bspw. für sich analysiert haben, dass Sie bevorzugt dem Sei-schnell-Antreiber folgen, so sollten Sie bei der nächsten kritischen Situation bewusst innehalten und sich fragen, was Ihr eigentliches Ziel ist. Manchmal erreichen wir Ziele schneller, wenn wir langsam gehen, was die folgende Geschichte sehr schön illustriert:

Beispiel: Schärfe Deine Säge!

Ein Wanderer trifft im Wald auf einen Holzfäller. Bei näherer Betrachtung seiner Arbeit stellt der Wanderer fest, dass die Säge des Holzfällers stumpf ist. Darauf angesprochen, antwortet dieser: „Ich habe keine Zeit, die Säge zu schärfen, ich muss Bäume fällen!"

Für den Holzfäller wäre es sicherlich sinnvoll, seinen Sei-schnell-Antreiber zu überprüfen, denn langfristig könnte er zweifellos zügiger arbeiten, wenn er kurz in seine Effizienz investieren würde. Für Sie bedeutet dies: Prüfen Sie, ob Ihr Handeln durch Ihre Antreiber bedingt ist; falls diese für Ihr konkretes Problem zieldienlich sind, ist alles in Ordnung. Falls nicht, sollten Sie sich zu einer alternativen Vorgehensweise zwingen.

Im Sinne unserer Reise zu mehr Toleranz und Gelassenheit möchte ich Ihnen nun noch zwei weitere Analyseebenen vorstellen, auf denen sich Menschen unterscheiden. Alles mit dem Ziel, Unterschiede besser erkennen, verstehen und letztlich auch tolerieren zu können.

Das nun folgende Kapitel thematisiert zunächst Glaubenssätze, also Überzeugungen und Grundannahmen, die ebenfalls ein heftiges Störfeuer für unsere Gelassenheit darstellen können

Woran glauben Sie?

Glaubenssätze sind den Antreibern aus dem vorherigen Kapitel ganz ähnlich, nur viel individueller. Mit Hilfe dieser Aussagen konstruieren wir unsere Welt. Die Idee, dass Menschen unterschiedliche Wirklichkeitskonstruktionen nutzen, beschreibt die Wissenschaftstheorie des Konstruktivismus. Sehr vereinfacht könnte man sagen, dass unterschiedliche Sozialisation, Erziehung, Erfahrungen bis hin zu den Freunden, die wir haben, dazu führen, dass wir die Welt auch individuell beschreiben und erklären.

Glaubenssätze sind dementsprechend diejenigen Verallgemeinerungen, die uns helfen, die Welt zu ordnen. In den allermeisten Fällen sind sie uns noch nicht einmal bewusst, sie verrichten ihr Werk im Hintergrund. Wenden wir uns einem Beispiel zu:
Ein 8-jähriges Mädchen geht gemeinsam mit seiner Mutter spazieren. Plötzlich nähert sich ein Porsche mit relativ hoher Geschwindigkeit. Die Mutter erkennt den Nachbarn und quittiert sein Vorbeifahren (natürlich nachdem er außer Hörweite ist) mit einem „Da kommt er wieder, der neureiche Depp". Das Mädchen nimmt diese Aussage so hin, macht sich aber natürlich seine Gedanken. Auf diese Weise kann bereits ein Glaubenssatz entstehen, nämlich derart: „Wenn ich reich bin, werde ich zum Depp (jedenfalls in den Augen meiner Mutter)". Leider wurde dieser Satz niemals überprüft. Fragen wie „Kann man mit Geld auch etwas Sinnvolles anstellen?" oder „Ist wirklich jeder, der über gewisse finanzielle Mittel verfügt, automatisch ein Depp?", wurden nie gestellt.
Die Folge? Eventuell ist dieses Mädchen im späteren Leben peinlich darauf bedacht, sich von allen materiellen Gütern fern zu halten. Leider ist ihr dieser Satz, der sie quasi steuert, aber nicht bewusst und somit schwer in Frage zu stellen.

Da dieses Buch speziell auf Business-Situationen hin konzipiert ist, möchte ich Ihnen auch hier ein (fiktives) Beispiel geben, denn nicht nur kleine Mädchen haben Glaubenssätze.
„Detailorientierung ist das A&O der Führung." Es dauerte eine Weile bis Hans M. diesen Satz formulieren konnte. Es war die Antwort auf die Frage seines Coachs, welche Führungsüberzeugungen für Hans wichtig wären. Der Coachee wirkte sehr angespannt und unter Druck, als er dieses Statement abgab.

Hans M. hatte eine steile Karriere im Personalmanagement realisiert und sich vom Personalreferenten zum Personalchef eines großen mittelständischen Unternehmens hochgearbeitet. Detailorientierung hatte Hans lange Jahre – quasi als Karrieredogma – gute Dienste geleistet und bildete in seiner Wirklichkeitskonstruktion den Garant für eine kontinuierliche Weiterentwicklung. Umso unwirklicher für ihn, dass genau diese Detailorientierung ihn nun in die missliche Lage brachte, einen Coach aufsuchen zu müssen.

Die Aufgaben von Hans hatten sich nämlich quasi über Nacht vom akkuraten Abarbeiten von vertraglichen Fragestellungen in das Managen von komplexen Changeprojekten geändert. In den Augen seiner Abteilungsleiterkollegen und vieler Mitarbeiter, begegnete Hans dieser Herausforderung deutlich zu langsam. Die Geschäftsführung, von derartigen Gerüchten verunsichert, empfahl Hans einen Coach aufzusuchen.

Hans M. hat einen Glaubenssatz entwickelt, der ihm lange Zeit gute Dienste leistete. Dieser Satz wurde weder hinterfragt noch war er Hans wirklich bewusst. Wenn wir diesen Glaubenssatz einem Antreiber aus dem letzten Kapitel zuordnen müssten, so wäre es sicherlich „Sei perfekt". Das Tückische an diesem Satz ist jedoch, dass er wirklich dafür sorgte, dass Hans eine steile Karriere erlebt hat und so kommt eins zum anderen. Die Selbstbestätigungsspirale hat eingesetzt und alle, die anders denken oder handeln, werden abgewertet.

In vielen Meetings hat Hans früher bereits Kollegen und besonders Mitarbeiter, die Zweifel daran geäußert haben, dass man wirklich alles immer perfekt machen müsse, abgekanzelt und lächerlich gemacht. Über eine sehr lange Zeit bedeutete dieser Glaubenssatz für alle Beteiligten, viel Schweiß, Überstunden und (un-)nötigen Aufwand. Die Geschäftsleitung hat dies jedoch nie bemerkt; alle Ergebnisse, die Hans oder seine Abteilung abgeliefert haben, waren ja einwandfrei. Zu welchem Preis die Resultate entstanden, zeigen Powerpoint-Präsentationen oder Dokumente jedoch nicht. Die einzige, allerdings subtile Information über die Lage in der Abteilung, hätte eine Analyse der Fluktuation bzw. der Mitarbeiterzufriedenheit ergeben.

An dieser Stelle ist es essentiell, dass wir uns nochmals das Konzept der Zieldienlichkeit in Erinnerung rufen. Das Gelassenheits-Prinzip verurteilt keinesfalls den Sei-perfekt-Antreiber, auch wenn dieser Eindruck nun entstehen könnte. Es fragt vielmehr, wie viel Perfektion denn notwendig ist, um ein vorher formuliertes Ziel zu erreichen. Hans hätte sich fragen müssen, ob sein Glaubenssatz denn universell auf alle Situationen anwendbar ist. Diese Frage wurde nun stattdessen von seinem Coach gestellt. Für Hans war dies (noch) nicht zu spät, da man sich im Coaching nun an neue Sichtweisen heranarbeiten und diese auf den Businessalltag übertragen konnte. Sie können sich aber sicherlich vorstellen, dass die Zeit vor dieser Maßnahme und der damit verbundenen Erkenntnis für Hans sehr leidvoll gewesen sein muss, da er sich einer Kritik ausgesetzt sah, die er so nicht nachvollziehen konnte.

Die Zieldienlichkeitsprüfung der Antreiber lässt sich an einem ganz banalen Beispiel nochmals schön illustrieren: Wenn ein Arzt an unserem Gehirn operiert, wünschen wir uns sehr, dass dieser einen hohen Perfektionsanspruch verfolgen. Falls er jedoch später am Abend die häusliche CD-Sammlung ordnet, ist es uns herzlich egal, ob und wie perfekt der Arzt dies realisiert.

Es zeigt sich, dass der Nutzen von Glaubenssätzen immer von der Situation abhängt und diese keinesfalls generalisiert werden dürfen. Bevor man jedoch seine Glaubenssätze auf Situations-Passung hin analysieren kann, müssen sie einem erst einmal bewusst (gemacht) werden.

Übung: Analysieren Sie Ihre Glaubenssätze

Fragen Sie sich, was sie schon einmal extrem genervt hat. Welche Situation bzw. welche Person hat dies mit Hilfe welchen Verhaltens geschafft? Ebenso gut könnten Sie eine Liste der Dinge erstellen, die Ihnen wichtig sind. Nutzen Sie also die Sätze „Es nervt mich, wenn..." und „Es ist mir wichtig, dass...", um wesentliche Anhaltspunkte zu erlangen, die danach in allgemeingültige Glaubenssätze überführt werden können. Versuchen Sie im Anschluss, Ihre Glaubenssätze zu priorisieren.

Nachdem Sie sich Ihre Glaubenssätze nun weitgehend bewusst gemacht haben, spielen Sie den Advocatus Diaboli, den Anwalt des Teufels, der immer die Gegenposition einnimmt. Fragen Sie sich also: „In welchen Situationen oder zu welchen Anlässen wäre dieser Satz eher hinderlich?".

Weichen Sie somit die Glaubenssätze ein wenig auf, ohne jedoch ihre prinzipielle Wichtigkeit fundamental in Frage zu stellen. Diese Sätze gaben Ihnen sehr lange Orientierung und es wäre falsch bis unmöglich, sie quasi über Nacht über Bord werfen zu wollen. Wenn Sie jedoch konsequent ihre Zieldienlichkeit in bestimmten Situationen hinterfragen und prinzipiell in der Lage sind, sich ein Stück weit von ihnen zu lösen, wird Ihr automatischer Spamfilter auf eine höhere Sensibilität eingestellt. Es wird Ihnen zukünftig viel besser gelingen, situationsadäquat reagieren zu können. Die Folge hiervon ist automatisch mehr Gelassenheit, da Sie sich von einem generellen „Fundamentalismus" verabschieden! Ein weiterer Aspekt kommt hinzu: da Sie nicht automatisch Krieg führen müssen mit Menschen, die andere Glaubenssätze als Sie haben, werden Sie ebenfalls viel entspannter. Diese Entspanntheit wirkt wiederum auf Ihre Gesprächspartner zurück!

Nach der Erkenntnis „In Ordnung, mein Gegenüber ist anders als ich" kommt automatisch die Frage „Ist dies in der momentanen Situation zieldienlich?", ohne den anderen sofort zu verdammen und abzuwerten. Dieser notwendige Analyseschritt gibt Ihnen vor allem Zeit; Sie lösen sich vom automatischen Reflex der Maxime 1 (Abperlen lassen) und prüfen somit viel effizienter, ob die Information nicht sogar positive Seiten beinhalten könnte. Falls Sie nach dieser Prüfung zu dem Ergebnis kommen, dass dem nicht so ist, haben Sie immer noch Zeit, Ihre Systemgrenze zu schließen und den „Schmutz" abzuwehren.

Man kann es gar nicht oft genug wiederholen, dass die Prüfung auf Zieldienlichkeit absolut essentiell ist. Wenn Sie Ihre Welt als einzig wahr und folgerichtig halten, ernten Sie zwei Konsequenzen: Sie werden notwendigerweise Fehler machen und Sie werden andere, die nicht Ihrer Meinung sind, geringschätzen und verurteilen. Beides vermindert Ihre Gelassenheit und auch Ihren Erfolg.

Nachdem wir nun individuelle Werte, Einstellungen und Glaubenssätze analysiert haben, wenden wir uns dem großen Ganzen zu: der Persönlichkeit.

Ein pragmatisches (Ärger-) Persönlichkeitsmodell

Obwohl ich Psychologe bin, muss ich gestehen, dass ich Persönlichkeitsmodellen recht skeptisch gegenüber stehe. Dies hat mehrere Gründe. Erstens geht die Persönlichkeitsforschung davon aus, dass die Persönlichkeit sich nicht oder nicht weitgehend verändert. Dem kann ich so nicht zustimmen, denn wie wir im Folgenden sehen werden, gibt es immer wieder entscheidende Situationen im Leben, die eine Persönlichkeitsanpassung erforderlich machen und auch bewirken.

Weiterhin offerieren Persönlichkeitstests oftmals Manipulations- oder Beliebigkeitsmöglichkeiten. Vielleicht sind Sie sogar einmal im Rahmen eines Auswahlverfahrens mit einem derartigen Test konfrontiert worden; den Bewerbern fällt es oftmals nicht schwer, sich in die Position hineinzudenken und gefällige Antworten zu geben.

Dennoch macht es natürlich Sinn, sich mit seiner eigenen und der Persönlichkeit des Gegenübers auseinanderzusetzen. Damit wir jedoch nicht in die oben skizzierten Fallen tappen, möchte ich Ihnen im Folgenden ein sehr pragmatisches Modell präsentieren, das gerade aufgrund seiner Einfachheit sehr gute, praxisorientierte Ergebnisse zu liefern vermag. Weiterhin wird durch das Modell eine prinzipielle Persönlichkeitsentwicklung nicht ausgeschlossen, oftmals ist sie sogar (z. B. beim Übernehmen einer neuen Rolle wie der einer Führungskraft) gefordert. Abbildung 5 zeigt das Modell.

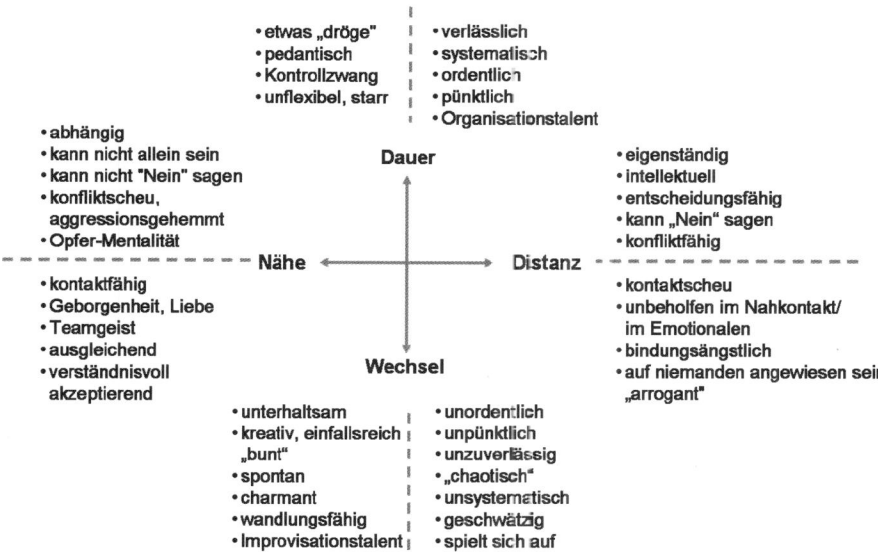

Abbildung 5: Persönlichkeitstypen modifiziert nach Riemann/ Thomann

Wenden wir uns nun den einzelnen Typen zu. Sie werden sicherlich schnell feststellen, ob Sie eher zu der einen oder der anderen Achse (Nähe-Distanz vs. Dauer-Wechsel) neigen. Zur Vereinfachung stellen wir uns typische Mitarbeiter vor, die zu einem dieser Extreme tendieren. In der Realität liegen natürlich fast immer Mischtypen vor. Dennoch werden Sie sehr schnell merken, wo es Sie mehr hinzieht.

Dauer

Dauer-Typen führen gerne Tätigkeiten aus, die wenig Überraschung bieten. Sie fühlen sich der Aufgabe gewachsen und möchten diese auch annähernd perfekt ausführen (vgl. Sei perfekt). Abwechslungsreiche und unbekannte Tätigkeiten oder solche, die viel Kreativität bei der Lösung benötigen, schrecken sie eher ab. Auch im Privatleben tendieren sie eher zu Beständigkeit. „Ich fahre seit 20 Jahren in denselben Club in Urlaub; da weiß ich, was ich habe und das Essen ist auch gut." könnte ein typischer Ausspruch sein, wenn die Dauer-Persönlichkeit extrem ausgeprägt ist. Geschätzt wird an ihr die Strukturiertheit und Ordentlichkeit, die natürlich je nach Auge des Betrachters auch als dröge, penibel und pedantisch etikettiert werden kann. Vor allem der folgende Typ würde dies so sehen.

Wechsel

Dem **Wechsel-Typ** ist, wie der Name schon sagt, Abwechslung besonders wichtig. Er braucht Tätigkeiten, die Überraschungen bringen und kreative Problemlösungen erfordern. Der Spruch „Genies beherrschen das Chaos" wurde offensichtlich von einem Wechsler erfunden. Stellen Sie sich bspw. vor, dass seine Firma mit einer anderen fusioniert. In dieser Phase steht natürlich wenig fest. „Wird mein Chef eventuell gehen müssen oder bekomme ich neue Aufgaben?" sind Fragen, die sich jeder Mitarbeiter in dieser Situation stellt. Der Wechsler freut sich über die Veränderung, während der bereits skizzierte Dauer-Typ schlaflose Nächte verbringt.

Nähe

Dem **Nähe-Typ** ist Geborgenheit und Harmonie im Team besonders wichtig. Ihm fällt es sehr schwer, Nein zu sagen. Konflikte werden so gut es geht vermieden. Dementsprechend vermeidet es der Nähe-Typ, Stellung zu beziehen. Durch seine hohe Sensibilität kann er ausgleichend wirken, ein Kampf schreckt ihn aber ab. Seine Freizeit verbringt ein Nähe-Typ mit Freunden und Bekannten. Mitarbeiter dieses Typus schlagen Bitten sehr selten ab; häufig arbeiten sie dementsprechend lange. Auf Kritik reagiert der Nähe-Typ sehr sensibel, da sie einem Liebesentzug gleich kommt. Die Maxime 2 des Lotusblütenprinzips kommt diesem Typus sehr nahe („Ich lasse alles an mich heran").

Distanz

Das wichtigste Kriterium für den **Distanz-Typ** ist es, anders als die anderen zu sein. Er unterscheidet sich gern von seinen Mitmenschen und lebt so seine Individualität aus. Hierbei fällt es ihm auch überhaupt nicht schwer, nein zu sagen oder in Konflikte zu gehen. Es erscheint manchmal sogar so, als ob der Distanz-Typ die Konflikte braucht, um sich als andersartig erleben zu können. Distanzler sind stolz auf ihre Kompetenz und stellen diese gerne dar. Im Extrem gelten sie als eitel und arrogant. Positiv gesehen, sind diese Menschen sehr selbstständig und in der Lage, Entscheidungen zu treffen. Die Maxime 1 des Lotusblütenprinzips kommt ihnen sehr nahe („Ich lasse alles abperlen").

Analyse – welche (Ärger-) Persönlichkeit sind Sie?

Die nachfolgenden, weitergehenden Beschreibungen und auch Fragen sollen Sie in die Lage versetzen, Ihre und auch die „fremde" (Ärger-) Persönlichkeit näher zu analysieren. Ich stelle Ihnen hier bewusst keinen typischen Punkte-/Ankreuztest zur Verfügung, weil diese Tests, wie bereits in der Einleitung bemerkt, oftmals sehr leicht zu durchschauen sind und damit die Intelligenz der Testpersonen beleidigen und das Ganze ja pragmatisch sein soll. Oder möchten Sie Ihrem Chef oder einem wichtigen Kunden zunächst einmal einen Ankreuztest vorlegen mit den Worten: „Füllen Sie das mal eben aus, ich komme in 15 Minuten wieder und nach der Auswertung können wir uns dann unterhalten"?

Natürlich nicht. Deshalb ist es so wichtig, dass Sie nun Möglichkeiten erhalten, wie man nebenbei, quasi im Rahmen eines vertieften Smalltalks, wichtige Hinweise zur Persönlichkeit des anderen erhalten kann. Die Fragekomplexe, die ich im Folgenden anführe, dienen sowohl der Eigen- als auch der Fremdanalyse.

Doch noch einmal zurück zu unseren Persönlichkeitstypen. Es ist augenscheinlich, dass die jeweiligen Gegenpole (vgl. Abbildung 5) für uns besonders irritierend sind: der Dauer-Typ hat wenig bis gar kein Verständnis für den Wechsler, da dieser ihm viel zu unbeständig und chaotisch ist. Umgekehrt schüttelt Letzterer über den Pedanten nur genervt den Kopf. Der Nähe-Typ ist eingeschüchtert bis abgestoßen vom Distanzler, den er als Despot oder Wichtigtuer erlebt. Dieser lässt sich natürlich von einem „Weichei" nichts sagen. Wie kann man nun die jeweiligen Typen erkennen? Die folgenden Unterkapitel starten jeweils mit einer Auswahl von hierfür geeigneten Fragen, die im Text noch näher erläutert werden.

Urlaubsvorhaben

> **Auswahl geeigneter Fragen**
>
> *Haben Sie schon Ihren nächsten Urlaub vorbereitet? Darf ich fragen, wo es hingeht?*
>
> *Waren Sie schon öfters dort?*
>
> *Ist das ein typischer Urlaub oder haben Sie auch schon einmal ganz anders den Urlaub verbracht?*
>
> *Was wäre denn Ihr Traumurlaub?*
>
> *Lassen Sie sich im Urlaub eher treiben, oder planen Sie sehr genau, was Sie sich anschauen möchten?*
>
> *(Bei Ehepaaren) Haben Sie denn schon einmal einen Urlaub getrennt vom Partner verlebt, oder kommt das für Sie nicht in Frage?*

Jeder Mensch spricht gerne über den anstehenden oder absolvierten Urlaub. Dies kann hinsichtlich seiner Persönlichkeit sehr aufschlussreich sein. Wenn Sie hören, dass Ihr Gesprächspartner seit 20 Jahren im gleichen Club auf Mallorca Urlaub macht, weil er weiß, dass das Essen dort gut ist, liegt die Hypothese nahe, dass es sich um einen Dauer-Typen handelt. Wenn einer im Gegenzug eher als Backpacker unterwegs ist und sich im Urlaub von einem Ort zum nächsten treiben lässt, kann man einen Wechsler vermuten, der auch in seinem Urlaub Abwechslung benötigt. Doch natürlich ist hier Vorsicht geboten: Landen Sie nicht zu voreilig bei einer Persönlichkeitsfestschreibung. Fragen Sie weiter nach, welche Urlaube denn am besten gefallen haben. Nur weil jemand sich das letzte Mal in einem All-inclusive-Club ausgeruht und seine Akkus aufgeladen hat, bedeutet dies nicht, dass das die bevorzugte Art und Weise ist, seine freie Zeit zu verbringen. Ergänzen Sie Ihre Hypothesen mittels weiterer Fragen.

Hobbys / Freizeitgestaltung / Sport

> **Auswahl geeigneter Fragen**
>
> *Was sind Ihre Lieblingshobbys? Wie verbringen Sie gerne Ihre Freizeit?*
>
> *Pflegen Sie Ihre Hobbys eher alleine oder treffen Sie sich mit Gleichgesinnten?*
>
> *Sind Sie hier in einem Verein aktiv?*
>
> *(Falls Verein) Wie erleben Sie die Vereinsaktivitäten?*
>
> *(Falls Sport) Handelt es sich eher um Individual- oder Teamsportarten?*

Dieser Fragekomplex ist vor allem aufschlussreich um die Dimension Nähe-Distanz näher zu beleuchten. So gibt es bspw. klassische Distanzsportarten, wie Marathon oder Triathlon. Der Sportler ist hier stundenlang mit sich und seiner sportlichen Betätigung alleine. Generell kann bei allen Individualsportarten zunächst mal die Hypothese „Distanz" generiert werden, die es weiter zu prüfen gilt. Natürlich muss man dann noch die darunter liegenden Motive erfragen. Wenn man als Antwort auf die Frage, weshalb jemand denn gerne Golf spielt, erfährt, dass dieser Sport eine gute Möglichkeit ist, Kontakt zu schließen und derjenige noch niemals alleine gespielt hat (also ohne sich mit jemandem zu verabreden), dann wackelt die Distanzhypothese und man könnte eher Nähe vermuten. Ganz anders jedoch wenn diese Aussage getätigt wird: „Beim Golf ist es einfach, ich treffe entweder nette Leute oder nicht, mir egal. Ich hab einfach meine Tasche im Auto und spiele wann immer ich will, ohne mich mit jemandem abzustimmen". Dieser Golfer scheint eher der Distanz-Typ zu sein. Bei Vereinssportarten könnte man dementsprechend zunächst einen Nähe-Typen erwarten. Aber auch hier ist die Vorsicht vor einem zu schnellen Urteil geboten: Wenn sich der Vereinsspieler sehr negativ über die Vereinsmeierei ausspricht, könnte dies wiederum ein Hinweis auf Distanz sein.

Vorlieben bei der Arbeit

> ### Auswahl geeigneter Fragen
>
> *(Falls häufige Arbeitsplatzwechsel vorlagen) Weshalb haben Sie gewechselt? Was hat Sie an der neuen Aufgabe gereizt?*
>
> *Was gefällt Ihnen besonders gut an Ihrem Job?*
>
> *Welche Tätigkeiten mögen Sie nicht besonders und weshalb?*
>
> *Was bringt Sie bei Kollegen oder Ihrem Chef auf die Palme?*
>
> *Was ist Ihr bevorzugter Arbeitsstil?*

Eine tolle Frage, um vor allem die Dimensionen Dauer-Wechsel zu beleuchten, ist: „Was gefällt Ihnen denn besonders gut an Ihrem Job?". Wir sprechen doch alle gerne über positive Aspekte unseres Lebens und diese Frage ist sicherlich eine sehr wertschätzende. Falls nun ein entnervtes „Überhaupt nichts, warum fragen Sie mich so einen Unsinn?" folgt, dann haben Sie auch etwas gewonnen: Ein Nähe-Typ hätte so etwas nie gesagt, Sie haben offensichtlich einen Distanzler als Gesprächspartner. Hier lohnt es sich weiter zu analysieren. Zum Beispiel könnten Sie dann danach fragen, was denn in seinem Job das geringste Übel darstellt. Hören Sie gut zu, was genannt wird. Eventuell sind es Planungen, Organisationsschritte, tiefe Analysen und feste Abläufe, was in der Summe für den Dauer-Typen spricht. Oder aber der Gesprächspartner erfreut sich hauptsächlich an Abwechslung, kreativen Aufgaben, unerwarteten Wendungen oder überraschenden Situationen und zeigt damit, dass es sich eher um einen Wechsler handelt.

Das Äußere

Auswahl geeigneter Beobachtungen

Ist die Kleidung eher unauffällig, sorgfältig ausgewählt und tendiert zum Konservativen?

Fällt derjenige auf, unterscheidet er sich stark von anderen?

Wie geordnet sind der Schreibtisch oder andere sichtbare „Lebensbereiche"?

Ist man stark präsent und wahrnehmbar in Meetings und Besprechungen oder eher unauffällig?

Ich habe einmal ein Training für ein großes Pharmaunternehmen abgehalten. Vom Workshopraum aus hatte ich eine gute Sicht auf den Parkplatz des Hotels und konnte die ankommenden Teilnehmer beobachten. Da das Hotel nicht sonderlich ausgebucht zu sein schien, war ich mir recht sicher, dass die Damen und Herren, die um 8.45 Uhr den Parkplatz verließen, Teilnehmer meines Trainings waren. In diesem Unternehmen herrschte offensichtlich bei solchen Veranstaltungen der gehobene Freizeitlook. Das bedeutet, man trägt Anzugshosen und Sakkos in Kombination mit einem hochwertigen Polohemd oder sonstigem. Dies stellt unterm Strich natürlich wiederum so etwas wie eine Uniform dar, weil niemand hiervon abweichen möchte. Jedenfalls kein Nähe-Typ! Ganz anders natürlich der Distanzler, der sich ja quasi vom Rest abheben muss. Als ich dann einen (männlichen) Teilnehmer mit Lederjacke und Pferdeschwanz-Frisur entdeckte, war ohne noch ein Wort gewechselt zu haben klar, dass es sich um einen Distanz-Typen handeln muss. Natürlich musste er sich schon Spott wegen seines Looks anhören, aber ihm als Distanz-Typen schmeichelt es, anders zu sein als die anderen. Distanzler sind bekannt für ein außergewöhnliches Äußeres, was sich beim einen in Form von Lederjacke statt Sakko, bei anderen durch besonders teure Uhren oder andere eigenwillige Accessoires zeigen kann. Ein Nähe-Typ würde sich natürlich an die übrigen Kollegen anpassen, um nicht negativ aufzufallen. Und die bevorzugte Sportart des Kollegen in der Lederjacke? Langstreckenlauf (siehe oben). Ein sehr ordentliches Äußeres ist oftmals ein Hinweis auf einen Dauer-Typen, die sich auch verraten, wenn sie bspw. ihre Seminarunterlagen und Blöcke vor sich ausbreiten. Im Extrem kann man mit dem Winkeldreieck nachmessen: alles korrekt ausgerichtet.

Sonstiges/Sammelbeobachtungen

Wir haben nun einige Fragestellungen und Möglichkeiten, Hypothesen zu bilden, kennen gelernt. Ich möchte Ihnen darüber hinaus noch einige Analyse-Tipps vorstellen, die nur schwer einer dieser Kategorien zuzuordnen sind, jedoch ebenfalls zu einer präzisen Einschätzung beitragen können.

Welches Auto fährt Ihr Gesprächspartner? Entspricht er den gängigen Klischees (Trainer fahren Kombis, CEOs große deutsche Geländewagen) oder hebt er sich von der Masse ab. Ersteres deutet eher auf einen Nähe-Typen hin. Letzteres kann ein Anzeichen für einen Distanz-Typen sein. Der Distanzler kann sich in beiden Richtungen ausdrücken, und als Vorstandsvorsitzender einen unglaublich teuren italienischen Sportwagen ebenso wie einen alten Fiat 500 fahren. Beides garantiert Aufmerksamkeit, die der Distanz-Typ so braucht.

Falls zugänglich, können die Stationen im Lebenslauf ebenfalls sehr aufschlussreich sein. So deuten häufige Wechsel des Arbeitgebers (z. B. alle zwei Jahre) natürlich auf einen Wechsler hin, während hohe Betriebszugehörigkeiten einen Dauer-Typen nahelegen.

Der gelassene Umgang mit Ihrem „Gegenbild"

Sie sollten nun eine gute Idee entwickelt haben, wo Sie bzw. Ihr Gesprächspartner in etwa positioniert sind. Die folgenden Tipps fassen für die jeweiligen Extreme zusammen, wie man mit seinem Gegenüber gelassen umgehen kann. Grundsätzlich gilt, was wir am Anfang dieses Kapitels bzgl. Ihrer Glaubenssätze und Ihres generellen Persönlichkeitsmodells festgestellt haben: Es gibt kein Richtig oder Falsch! Alles was Sie denken, tun und für selbstverständlich halten, muss die Prüfung hinsichtlich Zieldienlichkeit bestehen!

Falls Sie für sich entdeckt haben, dass Sie eher zur Dauer-Fraktion gehören, dann werden Wechsler Sie am ehesten aufregen und frustrieren. Doch nutzen Sie das kreative Potential des Wechslers, weil er Sie optimal ergänzen kann. Seien Sie offen für die innovativen Anregungen, ohne jedoch Ihr Naturell, nämlich das analytische Prüfen auf Zahlenbasis zu vernachlässigen. Erwarten Sie von ihm nicht Ihre Perfektion! Wenn Sie bspw. unter Verspätungen leiden müssen, dann sprechen Sie dies wertschätzend an (das entsprechende Kommunikationswerkzeug dafür bietet das nächste Kapitel) ohne jedoch die Person des anderen anzugreifen. Falls Sie selbst Führungskraft sind und Wechsler im Team haben, gilt dies umso mehr. Versuchen Sie das Persönlichkeitsprofil des Wechslers bereits bei der Delegation von Aufgaben zu berücksichtigen. Liegt etwas Neues, Spannendes vor, bei dem man sein kreatives Potential ausreizen kann? Dann wird Ihnen der Wechsler danken. Erwarten Sie jedoch nicht perfekt gestylte Powerpoint-Präsentationen von ihm, dann ist Enttäuschung sicher. Lassen Sie andere Dauer-Typen im Team die Präsentation überarbeiten, die so auch ihren Spaß haben und das Ergebnis stimmt für alle.

> **Tipp: Sorgen Sie für heterogene Teams**
>
> Viele Führungskräfte machen den Fehler, dass sie Mitarbeiter einstellen, die wie sie sind. Die Folge? Ein Team, das bspw. nur aus Dauer-Typen besteht und zu wenig Innovation führen wird. Versuchen Sie als Führungskraft, Ihr Team also möglichst (natürlich immer orientiert an den Aufgaber) heterogen zu besetzen.

Falls Sie ein Wechsler sind, gilt das Spiegelbildliche. Haben Sie Nachsicht mit dem Pedanten, er hat auch seine Berechtigung! Versuchen Sie, Absprachen möglichst einzuhalten und überfordern Sie Ihr Gegenüber nicht mit permanenten Kursschwankungen. Ein Dauer-Typ braucht Struktur! Auch wenn es Ihnen schwerfällt, stellen Sie eine Agenda auf und halten Sie sich möglichst auch an diese. Kündigen Sie Themen vorab an, so dass der Dauer-Typ sich vorbereiten und einstellen kann. Vor allem: Nutzen Sie ZDF (Zahlen, Daten und Fakten), um Ihren Gesprächspartner zu überzeugen. Von „Visionen" hält dieser nämlich vermutlich nichts.

Für Sie als Nähe-Typ, ist der Distanzler der natürliche Feind. Ihm gilt es, vor allem Wertschätzung für seine Expertise auszusprechen. Der Distanzler kann zum Eitelsein neigen, dies dürfen Sie durchaus nutzen. Falls Ihre Führungskraft zu dieser Kategorie gehört, dürfen Sie auf keinen Fall belehrend wirken. Er muss das Gefühl haben, es wäre der eigene Vorschlag gewesen, dann bestehen hohe Umsetzungschancen. Um mit den Distanz-Typen gut auszukommen, ist es also extrem wichtig, Ihre Meinung einzuholen, sie für ihre Individualität wertzuschätzen („Du bist eine echte Marke") und nicht mit Gegenaggression zu arbeiten.

Falls Sie dagegen ein Distanz-Typ sind, dann werden Sie sich oftmals automatisch gegen Nähe-Typen durchsetzen. Nun gilt es, auch die langfristige Beziehung zu den Kollegen zu pflegen. Bringen Sie Ihre Kritik äußerst schonend an, der Nähe-Typ nimmt sich das Feedback sowieso sehr zu Herzen. Trennen Sie Person von Handlung, wenn Sie kritisieren müssen. Ein Nähe-Typ braucht Zuspruch und ein anerkennendes Wort, auch wenn es Ihnen schwerfällt. Sie werden langfristig gesehen aufgrund der guten Beziehung profitieren. Gehen Sie etwas stärker auf andere zu und nehmen Sie auch mal an Freizeitaktivitäten teil, ohne jedoch Ihren Unabhängigkeitsdrang zu stark zu unterdrücken.

Ich hatte zu Beginn dieses Kapitels angesprochen, dass ich der Auffassung, dass Persönlichkeit sich nicht verändert, so nicht zustimmen kann. Wenn Sie sich die entsprechenden Ausprägungen von Dauer- und Wechselorientierung bzw. Nähe- und Distanzausprägungen nun noch mal vor Augen führen, werden Sie feststellen, dass man bei vielen Menschen im Laufe ihres Lebens sehr wohl eine Veränderung wahrnehmen kann. Am häufigsten geschieht dies bei veränderten Rollen. Bspw. die Beförderung zur Führungskraft führt notwendigerweise zu etwas mehr „Distanz". Dies ist jedoch nicht als Abgrenzung gemeint (ich kenne viele Führungskräfte, die ihre Mitarbeiter duzen und umgekehrt und dies funktioniert sehr gut), sondern in der Fähigkeit begründet, auch einmal Nein sagen zu können. Diese Position bringt es unter anderem mit sich, Konflikte aushalten und klären zu müssen, was für einen reinrassigen Nähe-Typen zunächst einmal schwierig, aber dennoch erreichbar ist. Je mehr er jedoch lernt, mit diesen Situationen umzugehen, desto weiter (wenn auch nur punktuell) verschiebt sich seine Persönlichkeit. Das Gleiche gilt natürlich auch für die Achse Dauer- und Wechsel.

Wir haben nun vorläufig unsere Analyse-Hausaufgaben gemacht! Der nächste große Abschnitt widmet sich konkreten Strategien.

Strategien zur Gelassenheit

Nachdem wir uns in den vorangegangenen Kapiteln intensiv mit unserer Persönlichkeit und der des Gesprächspartners beschäftigt haben, möchte ich Ihnen im Folgenden praxisorientierte Werkzeuge an die Hand geben, die für eine Vielzahl von Anlässen, die Gelassenheit vermindern könnten, anwendbar sind.

Nach meiner Erfahrung haben sich im Businessleben Kommunikation im Allgemeinen, aber auch Entscheidungen als besonders stressig entpuppt. Gerade letztere Aufgabe, nämlich eine „gute" Entscheidung zu treffen, stellt viele meiner Seminarteilnehmer vor enorme Herausforderungen.

Daneben zeigt es sich, dass viele im Berufsleben eine enorm wichtige Ressource systematisch vernachlässigen: sich selbst! Das abschließende Strategiekapitel thematisiert und zeigt Ihnen Wohlfühl-Übungen mit deren Hilfe Sie etwas besser für sich sorgen können.

Beginnen möchte ich jedoch mit dem wichtigsten Thema in puncto Gelassenheit, der Kommunikation!

Die „Wohlfühl"-Kommunikation

Die wahrscheinlich wichtigste Grundlage für mehr Gelassenheit ist der kompetente kommunikative Austausch. Ein japanisches Sprichwort bringt den Inhalt dieser Seiten sehr prägnant auf den Punkt: „Alles Unglück kommt durch den Mund."

Nun, wenn alles Unglück durch den Mund kommt, dann hat man hier eine sehr wichtige „Schaltzentrale" identifiziert. Könnte man dem Mund also ein klein wenig auf die Sprünge helfen, dann würde man eventuell zukünftig das Unglück in Glück umwandeln. Genau dies versuchen wir jetzt.

Dieses Kapitel beschäftigt zunächst mit theoretischen Grundlagen des kommunikativen Austauschs. Danach biete ich Ihnen die wichtigsten Werkzeuge für eine gelassenere Kommunikation. Die wesentlichen Phasen eines Gesprächs runden das Kapitel ab.

In Seminaren nutze ich übrigens auch hier eine Gelassenheitsmetapher: Ich vergleiche kommunikative Krisen mit einer Panne beim Motorradfahren. Wenn ich mit meinem Motorrad unterwegs bin, gibt es zwei Faktoren, die mich mit mehr Gelassenheit in Bezug auf potentielle Pannen versorgen. Das eine ist eine kleine Werkzeugtasche am Rahmen, die neben Werkzeugen auch Ersatzmaterialien (z. B. Zündkerzen u. Ä.) enthält. Zum anderen habe ich zumindest bei größeren Touren noch eine kleine Bauanleitung bzw. ein Handbuch meines Motorrads mit an Bord. Das bedeutet, im Falle eines Falles habe ich etwas zum Schrauben und ich weiß im Zweifel auch, wo ich schrauben muss. Die gleiche Analogie gilt für die Kommunikationswerkzeuge und die typischen Gesprächsphasen, die ich im Folgenden beschreiben möchte. Sie werden sich also aus jeder kommunikativen „Panne" entspannt herauseisen können, wenn Sie diese Tipps bearbeitet haben.

Von der Theorie zur Praxis

Der brillante Kommunikationswissenschaftler und Therapeut Paul Watzlawick hat enorm zu unserem heutigen Verständnis von Kommunikationsprozessen beigetragen. Als wesentliches Ergebnis seiner theoretischen Grundlagenforschung sind Kommunikationsaxiome, also „Basiswahrheiten", zu nennen. Ich möchte mich im Folgenden auf drei wesentliche Axiome und ihre Auswirkungen auf die wahrgenommene Gelassenheit beschränken und anhand von Businessbeispielen aufzeigen, wie deren Nichtbeachtung zumindest potentiell ins Unglück führen kann.

Man kann nicht *nicht* kommunizieren

Wann immer ein Gesprächspartner anwesend ist, können Sie nicht kommunizieren. Es ist schlicht unmöglich, keine Aussage zu treffen, da alles, was Sie tun oder nicht tun (auch und gerade nonverbal), gegen Sie verwendet werden kann. Sie haben vielleicht gemerkt, dass der letzte Satz in Anlehnung an die juristische Redewendung „Alles was Sie sagen, kann und wird vor Gericht gegen Sie verwendet werden" formuliert ist. Denn auch beim Kommunikationsakt geschieht ein Art „Richten": Der Gesprächspartner bildet sich ein Urteil und kommt zu einem Ergebnis, ob man nun möchte oder nicht. Lassen Sie uns ein Beispiel betrachten:

Stellen Sie sich vor, dass Sie morgens gegen neun Uhr das Büro betreten und Ihnen alle anwesenden Kollegen ein „Guten Morgen" entgegen schmettern. Wenn Sie nun nichts antworten, so haben Sie nicht nicht kommuniziert, sondern Sie haben (jedenfalls für diejenigen, die eine Antwort erwartet haben) eine massive Unfreundlichkeit begangen. Die Anwesenden stellen nun eine Schlussfolgerung an und etikettieren Sie vermutlich als Morgenmuffel oder schlicht als unfreundlichen Menschen. Die Jury ist zu einem Urteil gekommen!

Was dieses Beispiel auch offenlegt, ist, dass der Kommunikationsakt natürlich sozialen Erwartungen und damit auch Normen unterliegt. Es gilt nicht nur als höflich, sondern sogar sozial gefordert, eine Begrüßung zu erwidern. Falls dies nicht geschieht, so muss sich derjenige, der die Normen nicht befolgt hat, dem Urteil seines Gegenübers stellen. Falls ein gezielter Affront, aus welchen Gründen auch immer, tatsächlich beabsichtigt war, so mag das Ergebnis zufriedenstellend sein. Wenn die Kränkung aber unbewusst und nicht beabsichtigt passiert, sind die Folgen für den Kommunizierenden fatal und führen zu umfangreichen kommunikativen „Reparaturarbeiten". Aus meiner Erfahrung sind letztgenannte Unabsichtlichkeiten eher die Regel als die Ausnahme.

Hier ist ein wichtiger Merksatz für Kommunikation festzuhalten:
Die Botschaft entschlüsselt der Empfänger.
Übersetzt bedeutet dies: Es ist völlig unerheblich, wie gut Sie es auch immer gemeint haben, letztlich zählt nur, was beim Empfänger angekommen ist. In unserem Beispiel kommt beim Empfänger eine Kränkung an, weil sein Gruß nicht erwidert wurde. Ob Sie (als Begründung und Erklärung für Ihr Verhalten) schlecht geschlafen oder Stress mit Ihrem Lebenspartner haben, spielt keine Rolle.

Einen ersten Schritt, adressatengerecht zu formulieren, haben wir jedoch schon absolviert. Es gilt, wie im letzten Kapitel festgestellt, sowohl die eigene als auch die fremde Persönlichkeit besser zu verstehen und auf den jeweiligen Bedarf einzugehen. Auch extreme Distanz-Typen müssen sich vor Augen führen, was ein Abweichen von der Norm (Nicht-Grüßen, aggressives Bloßstellen etc.) beim Empfänger bewirkt und ob dies zieldienlich für die weitere Zusammenarbeit ist.

Festzuhalten ist, dass alles, was Sie tun oder nicht tun, einen Kommunikationsakt darstellt.

Tipp: Prüfen Sie Ihre (nonverbale) Wirkung
Fragen Sie gute Freunde, wie Sie wirken (können). Ergründen Sie hierbei sowohl positive als auch negative Eindrücke. Versuchen Sie gemeinsam, der Wirkung auf den Grund zu gehen. Aussagen, wie bspw. „Du wirkst manchmal arrogant", müssen unbedingt vertieft werden: Welches konkrete Verhalten kann diese Wirkung erzielen? Unterbrechen Sie Gesprächspartner oder neigen Sie zum Belehren?

Im Nachgang zu dieser Analyse steht wiederum die Prüfung auf Zieldienlichkeit. Anders formuliert, wie möchten Sie wirken und welche konkreten Verhaltensweisen würden diese Wirkung unterstützen? Betrachten wir nun das nächste Kommunikationsaxiom, das den sprachlichen Inhalt mit der Beziehung zu unserem Gesprächspartner in Verbindung bringt.

Jede Kommunikation hat einen Inhalts- und Beziehungsaspekt

Schon lange liefert die unterschiedliche Kommunikation von Männern und Frauen dauerhaften Diskussionsstoff. Ein Erklärungsmodell für viele zwischengeschlechtliche Missverständnisse bietet das zweite Kommunikationsaxiom von Paul Watzlawick: Jede Kommunikation hat einen Inhalts- und Beziehungsaspekt. Was ist hiermit gemeint?

Man kann bei jeder Aussage mindestens zwei Ebenen unterscheiden, wie diese verstanden werden kann. Auf der einen Seite steht die rein sachliche Information, die gegeben wird. Beispielsweise „Die Ampel ist grün!". Wenn diese Aussage jedoch von einem männlichen Beifahrer an seine Frau gerichtet wird, so erhält dieser (oftmals zur völligen Verblüffung) eine Antwort wie „Fahr doch selbst, wenn du es besser kannst!".

Eine Anmerkung: Die Geschlechter in diesem Beispiel sind austauschbar! Das Gleiche könnte auch weiblichen Beifahrern passieren und sagt nichts über die unterschiedlichen Fahrkünste aus.

Was ist hier passiert? Nehmen wir einfach mal an, der Beifahrer wollte tatsächlich nur wertneutral darauf hinweisen, dass die Ampel umgesprungen ist, weil seine Frau dies nicht gemerkt hatte. In diesem Falle wäre seine Aussage wirklich nur als sachliche Information „gemeint" gewesen. Seine Frau hat die Botschaft jedoch als Beziehungsbotschaft entschlüsselt und frei nach unserem Katze-Messer-Beispiel einen Vorwurf interpretiert, den sie aggressiv gekontert hat.

Wie wir gerade gelernt haben, entschlüsselt der Empfänger die Botschaft. Der Sender hat die Verantwortung, dass er richtig verstanden wird! Leider hoffen allzu viele Führungskräfte darauf, dass die Katze-Messer-Interpretation ihrer Mitarbeiter in ihrem Sinne funktionieren wird. Nehmen wir ein Businessbeispiel:

Stellen Sie sich vor, im Unternehmen gibt es eine Kernarbeitszeit, die das Kommen von 9.00 Uhr bis 10.30 Uhr erlaubt. Ein Mitarbeiter kommt gegen 11.15 Uhr und begegnet dabei seinem Chef. Ob Sie es glauben oder nicht, es gibt Führungskräfte, die in dieser Situation sagen: „Es ist 11.15 Uhr", eventuell verbunden mit einer erhobenen Augenbraue. Sie ahnen schon, dass es allerdings auch Mitarbeiter gibt, die darauf antworten: „Stimmt" oder schlimmer noch: „Bei mir ist es 11.19 Uhr, Ihre Uhr geht nach!", sodass die versteckte bzw. nicht klar formulierte Kritik der Führungskraft verpufft. Viele Menschen verstehen Ironie oder Mehrdeutigkeiten einfach nicht bzw. wollen diese nicht verstehen!

Sie als Führungskraft (oder einfach Kommunikations-Sender) sind verantwortlich dafür, dass Ihre Botschaft verstanden wird. Eine Aussage, die jedoch Interpretationsspielraum lässt, ist in diesem Falle nicht zieldienlich. Wenn wir uns die Kommunikationswerkzeuge anschauen, werden Sie eine Technik für derartige Fälle kennen lernen.

Jede Kommunikation ist sowohl Reiz als auch Reaktion

Dieses Axiom ist eine Quelle der Weisheit für Menschen, die gerne gelassener mit sich und ihrer Umwelt umgehen möchten. Viel Leid entsteht aus seiner Nichtbeachtung!

Worum geht es? Nun, auch hier eignet sich vermutlich ein Beispiel am besten dafür, die Idee zu veranschaulichen:

Ich habe einmal ein Coaching mit einem jungen Teamleiter durchgeführt. Sein größtes Problem war eine „nervige" Mitarbeiterin. Dahingehend befragt, wie genau sie denn nervt, also welche Verhaltensweisen ihm auf die Nerven gingen, antwortete der Teamleiter, dass sie sich ständig in alles einmische. Sie käme bspw. zu einem Meeting ohne Vorkenntnisse, würde sich aber sofort einmischen und mitreden. Meine anschließende Frage lautete: „Wie würden Sie sich denn verhalten, wenn über Nacht ein Wunder passieren und die Mitarbeiterin nicht mehr nerven würde?". Der Teamleiter antwortete, dass er sie dann vermutlich bereits früher und bereitwilliger in Projekte integrieren würde. Ich habe ihm dann geraten, genau so vorzugehen, als ob das Wunder bereits passiert wäre. Das Ergebnis: die Mitarbeiterin hat aufgehört zu nerven (und verhält sich meines Wissens bis heute so).

Jede Kommunikation ist sowohl Reiz als auch Reaktion bedeutet, dass wir den anderen gerne als ursächlich für unser Verhalten ansehen, er dies im Gegenzug jedoch auch tut.

Weil du so bist, wie du bist, zwingst du mich, mich so zu verhalten. Haben Sie diesen Satz auch schon mal gedacht? Nun, Ihr Gegenüber denkt das Gleiche über Sie! In der Theorie nennt man dies Zirkularität und meint damit den Unterschied zu einfachen Ursache-Wirkungs-beziehungen. Kommunikation ist zirkulär, es gibt keinen Urheber, der als klare Ursache festgemacht werden kann. Es liegt also eine Wechselbeziehung vor.

Wenn Sie also eine Änderung bei einem anderen bewirken möchten, so gilt die goldene Regel:
Verhalte dich schon einmal so, als ob der andere das gewünschte Verhalten zeigen würde!

Viele Führungskräfte verhalten sich jedoch konträr hierzu. Ein anderes Beispiel? Stellen Sie sich eine Führungskraft vor, die meint festzustellen, dass ein Mitarbeiter nicht mehr so motiviert wie früher arbeitet. Natürlich handelt es sich hierbei nur um einen Eindruck. Im Rahmen eines Feedback-Gesprächs fällt der Satz:
„In letzter Zeit habe ich das Gefühl, dass Sie nicht mehr so motiviert wie früher sind."
Unabhängig davon, dass diese Bemerkung förmlich nach einer Präzisierung schreit (woran genau macht die Führungskraft diesen Eindruck fest?), glauben Sie, dass der Mitarbeiter hierdurch motiviert wird? Natürlich nicht! Wenn er nicht schon vor dem Gespräch demotiviert war, so ist er es spätestens jetzt. Dabei wollte die Führungskraft doch motivieren! Zu einem vermutlich anderen Ergebnis käme der Chef, wenn er zirkulär arbeiten würde, indem er z. B. irgendetwas, das der Mitarbeiter gut gemacht hat, lobt, mit der Hoffnung, dass dieser zukünftig wieder motivierter arbeitet.

Natürlich hat diese Zirkularität in der Führung auch ihre Grenzen: Ein deutliches Fehlverhalten muss sofort angesprochen werden. Wenn Sie jedoch bereits zirkulär gearbeitet haben und keine Änderung eintritt, müssen Sie ebenfalls konkretes Feedback geben und Vereinbarungen treffen, wie das Verhalten zu ändern ist. Doch ein Versuch ist Zirkularität aus meiner Erfahrung immer wert!

Gelassenheitswerkzeuge in der Kommunikation

Die folgende Aufzählung soll Ihnen praxiserprobte Kommunikationswerkzeuge näher bringen, die Ihre Gelassenheit enorm steigern können. Ich werde sie anhand vieler Beispiele aus dem Privat- bzw. Businessleben erläutern, damit Sie den vielfältigen Praxisbezug erkennen können. Doch zunächst einmal die Werkzeuge im Überblick:

Passives Zuhören

Aktives Zuhören

Ich-Botschaften

SEK-Modell
(Situation-Emotion-Konsequenzen)

Meta-Kommunikation

Abbildung 6: Die Kommunikationswerkzeuge

Passives Zuhören

Ich würde Sie gerne zu einem weiteren Experiment einladen: Wenn Sie das nächste Mal mit jemandem telefonieren, dann schweigen Sie bei passender Gelegenheit für etwa 30 Sekunden. Murmeln Sie kein „Mhmm", „O.K." oder „Ich verstehe" in den Hörer, sondern sagen Sie einfach einmal nichts. Gemäß unserer These, man kann nicht nicht kommunizieren, sollte etwas passieren. Und das ist auch so, denn sehr wahrscheinlich kommt von der Gegenseite die Frage „Bist du noch dran?".

Das liegt daran, dass Menschen im Kommunikationsakt in bestimmten Abständen eine Rückkopplung benötigen, die ihnen zeigt, dass der andere noch zuhört oder wenigstens keine allzu großen Widerstände zum Gesagten aufgebaut hat. Dies gilt nicht nur bei Telefonaten. Stellen Sie sich einen Gesprächspartner vor, der keine Miene verzieht und zu dem, was Sie sagen, weder nickt noch anderweitig reagiert. Dies wäre ebenfalls sehr irritierend.

Das passive Zuhören ist also eine Technik, die die Kommunikation überhaupt aufrecht erhält, so dass wir ohne Störungen weitersprechen können. Gerade Distanz-Typen (vgl. vorhergehendes Kapitel) vergessen diese Aufmunterungsgesten manchmal und verunsichern damit ihre Gesprächspartner (bewusst oder unbewusst).

Tipp: Unterstützen Sie den Kommunikationsfluss
Zeigen Sie Ihrem Gesprächspartner, dass Sie aufmerksam zuhören, indem Sie ihn verbal oder nonverbal bestätigen!

Aktives Zuhören

Das aktive Zuhören gehört zu den wichtigsten Gelassenheitstechniken, die es gibt! Sie werden sehen, dass sowohl Ihr Gesprächspartner als auch Sie selbst sich im Gespräch sehr viel besser fühlen werden, wenn Sie aktiv zuhören. Wie geht man hierbei vor?

Im Gegensatz zum passiven Zuhören geht das aktive Zuhören einen großen Schritt weiter. Sie fassen in Ihren Worten das zusammen, was Ihr Gegenüber gerade gesagt hat, bzw. was bei Ihnen angekommen ist. Letzteres kann auch ein emotionaler Eindruck sein, z. B. dass sich der Gesprächspartner nicht wohlfühlt etc.

Wichtig ist es, dass Sie realisieren, dass ein Wiederholen der Meinung eines anderen nicht Zustimmung bedeutet! Betrachten wir dazu ein Beispiel:

Ihr Gesprächspartner wiederholt, dass er sich keinerlei Verspätungen bei der Lieferung der Ware erlauben kann. Wenn Sie nun sinngemäß zusammenfassen „Wenn ich Sie richtig verstehe, dann ist eine pünktliche Lieferung für Sie sehr wichtig?", bedeutet dies zunächst nur, dass Sie die Sorgen und Nöte Ihres Gegenübers erkannt haben. Es bedeutet aber nicht, dass Sie ihm eine pünktliche Lieferung zusichern können. Nach diesem Signal an den Gesprächspartner, dass er gehört wurde, können Sie nun Ihrerseits argumentieren. Beispielsweise indem Sie sein Ziel (pünktliche Lieferung) an Ihre Bedingungen knüpfen: „Um eine pünktliche Lieferung zu garantieren, wie Sie es ja wünschen, brauche ich aber unbedingt noch...".

Um die Vorteile des aktiven Zuhörens nutzen zu können, ist es weiterhin essentiell, dass Sie völlig neutral und auch ironiefrei zusammenfassen. Aussagen, wie bspw. „Sie sind also ernsthaft der Meinung, dass..." verbunden mit einer hochgezogenen Augenbraue und einem ironischen Lächeln, erzeugen nicht die hier intendierten Effekte! Doch was ist überhaupt beabsichtigt?

Das aktive Zuhören hat zwei wesentliche Effekte: Zum einen demonstrieren Sie Ihrem Gegenüber, dass Sie wirklich zugehört haben und sorgen damit für eine entspannte Gesprächsatmosphäre. Des Weiteren können Sie Motive Ihres Gesprächspartners in Erfahrung bringen, wie wir gleich noch sehen werden.

Doch zunächst zurück zum Zuhören: Dieses ist nicht selbstverständlich. Denn wie läuft denn normalerweise ein (eventuell hitzig geführtes) Gespräch ab?

(Mindestens) zwei Gesprächspartner tauschen Argumente aus, mit der Idee, den jeweils anderen zu überzeugen. Je stärker dieser Wunsch oder die Notwendigkeit ist, desto schärfer wird auch die Debatte werden. Weil der jeweils andere nicht versteht oder verstehen möchte, erheben wir dann unsere Stimme und bringen unsere Argumente aggressiver vor. Genau dasselbe geschieht auf der Gegenseite. Die Einigung liegt in weiter Ferne.

Umso überraschter reagieren wir jedoch, wenn jemand mitten im gegenseitigen „Aufrüsten" der Argumente mit einem „Friedensangebot" ankommt und aktiv zuhört.

Der erste Effekt dieser Technik ist also eine entspannte und angenehme Gesprächsatmosphäre. Es ist nach einem einfühlsamen aktiven Zuhören eigentlich nicht mehr möglich, zu „explodieren". Einen guten Einsatz dieses Gelassenheitswerkzeugs zeigt folgender Dialog aus dem Call-Center-Alltag.

Beispiel: Aktives Zuhören im Call-Center

Kunde: (Sehr erbost) Ich bin jetzt seit drei Wochen ohne Internetanschluss und habe insgesamt dreimal bei Ihnen angerufen. Bisher ohne Erfolg. Agent: Ich kann mir gut vorstellen, dass Sie genervt sind. Jetzt haben Sie seit drei Wochen keinen Zugang und bisher konnte Ihnen auch niemand helfen. Kunde: Genau, wie machen Sie eigentlich Ihre Geschäfte? Agent: Wie gesagt, Ihre Verärgerung ist sehr gut nachvollziehbar. Wenn ich Sie richtig verstehe, brauchen Sie jetzt sehr schnell eine Lösung, damit Sie online gehen können? Kunde: So ist es. Agent: Und weil ich Ihnen schnell gerecht werden möchte, schlage ich Folgendes vor....

Der Agent fasst das Gesagte und den vermuteten Ärger des Kunden zusammen. Damit nimmt er Sprengstoff aus dem Gespräch, da er dem Kunden direkt vermittelt, dass er ihn nicht nur versteht, sondern auch die emotionale Verstimmtheit nachvollziehen kann. Damit ist dem Kunden zwar noch nicht geholfen, dies ist aber im ersten Schritt erfahrungsgemäß auch gar nicht notwendig. Zunächst einmal geht es darum, dass der Kunde sich verstanden fühlt. Den darauf folgenden Einwurf des Kunden (den man durchaus als Kritik hätte auffassen können) „Wie machen Sie eigentlich Ihre Geschäfte?", hat der Agent zwar nicht ignoriert, aber auch nicht direkt kommentiert. Stattdessen hat er nochmals sein Verständnis für die Verärgerung ausgesprochen und den Gesprächspartner sofort für die Lösung aktiviert, indem er das Motiv Dringlichkeit angesprochen hat.

Aus eigener Erfahrung kennen Sie sicherlich auch Call-Center-Agenten, die eher Maxime 1 des Lotusblütenprinzips (Abperlen lassen) verfolgen. Das folgende Beispiel zeigt ein Reklamationsgespräch ohne aktives Zuhören.

Beispiel: Reklamation ohne aktives Zuhören

Kunde: (Sehr erbost) Ich bin jetzt seit drei Wochen ohne Internetanschluss und habe insgesamt dreimal bei Ihnen angerufen. Bisher ohne Erfolg. Agent: Bitte beruhigen Sie sich. Kunde: Ich soll mich beruhigen? Sagen Sie mir nach drei Wochen nicht, was ich zu tun und zu lassen habe. Agent: Sie, nicht in diesem Ton! Kunde: Ich nutze genau den Ton, der notwendig ist, damit man in Ihrem Mistladen was erreicht. Agent: Mit Beleidigungen kommen Sie hier nicht weiter.

Und so weiter! Meistens geht das Ganze schließlich in wüste Beschimpfungen über und der Kunde wendet sich an die nächsthöhere Instanz. Dort sitzt dann eine Führungskraft, die oftmals (aber auch nicht immer) dem Kunden recht gibt und sich vom „unfähigen" Angestellten distanziert, der wiederum postwendend zum Chef zitiert und zur Schnecke gemacht wird. Sie sehen, die (negative) Energie bahnt sich einen Weg und findet einen Adressaten.

Wenn der Agent aus obigem Dialog gefragt wird, warum er denn so mit dem Kunden gesprochen hat, kommt meist ein „Ich kann mir doch nicht alles gefallen lassen!". Lassen Sie uns einmal gemeinsam analysieren, was er sich gefallen lassen musste: Nach dem Hinweis des Agenten, sich zu beruhigen, „flippt" der Kunde aus und beharrt darauf, selbst zu entscheiden, wann und wie er sich ärgern möchte. Danach sorgt der Agent wieder für sich und erbittet sich einen anderen Ton (also z. B. ruhiger und sachlicher). Wichtig ist es, festzuhalten: Der Agent sorgt in erster Linie für **sich**.

Viele meiner Seminarteilnehmer haben dafür großes Verständnis und argumentieren ähnlich wie der Agent, dass man sich nun mal nicht alles gefallen lassen müsse. Dies ist absolut richtig. Doch wenn wir von dem Thema Gelassenheit sprechen, dann frage ich, welcher der beiden Agenten aus den obigen Dialogen hat wohl einen stabileren Blutdruck, einen netteren Tag und insgesamt bessere Karriereaussichten? Welcher der beiden hat gelassener reagiert? Hat Agent zwei, der „für sich" gesorgt hat, dies auch wirklich getan?

Mittelfristig sicher nicht, da er in mindestens zwei „Kriege" gezogen ist. Der erste Krieg war der mit dem Kunden und dieser Kampf ist schwer bis überhaupt nicht zu gewinnen. Nach dieser Niederlage musste er dann in Krieg Nummer zwei mit seinem Chef ziehen und auch dieser Kampf ist oftmals aussichtslos.

Fazit? Das Für-sich-sorgen ist sehr kurzsichtig erfolgt! Gelassenheit sieht anders aus.

Was benötigt denn ein Agent, um hier gelassen reagieren zu können? Er muss sich vor Augen führen, dass 99 % der anrufenden Kunden, auch wenn sie beleidigend sind, nicht die Person meinen, die sie gerade anschreien. Sie sind frustriert und vom Unternehmen enttäuscht und laden ihre Wut bei jemandem ab. Dieser Jemand ist zufällig unser Call-Center-Agent.

Wenn dieser sich nun auch nur ein kleines bisschen in den Kunden einfühlen und dies vor allem auch äußern kann (mittels aktivem Zuhören), geht die Aggressivität auf Kundenseite ganz schnell verloren. Meistens kommen dann Aussagen wie „Es liegt ja nicht an Ihnen, aber Sie müssen doch auch verstehen, dass...". Damit gibt der Anrufer ja selbst zu, dass er seine Wut eigentlich an den Falschen adressiert.

Im Endeffekt sorgt man mehr für sich, wenn man zunächst einmal für andere sorgt!

Wenn ich heute als Trainer und Berater vom Kunden angegriffen werde, dann nutze ich immer das aktive Zuhören. Dazu möchte ich Ihnen noch weitere Beispiele geben:

Stellen Sie sich vor, ein (potentieller) Kunde fragt mich, ob ich nicht zu jung oder zu alt für ein bestimmtes Training sei. Viele könnten dies nun als Kritik auffassen und gekränkt reagieren. Meine sofortige Antwort in einem derartigen Fall wäre:

„Ich höre, das Alter ist Ihnen wichtig, worauf genau legen Sie hier Wert?". Der Fokus wird von meiner Person weggelenkt und der Kunde bekommt seine Aufmerksamkeit. Ich erhalte so die Möglichkeit, den Bedarf des Kunden besser zu verstehen und muss mich nicht über eine Kränkung aufregen, die vielleicht gar nicht so gemeint war.

Ein ähnliches Beispiel aus dem privaten Bereich: Wenn heute jemand „Du bist doch ein Vollidiot" zu mir sagt (was Gott sei Dank schon lange nicht mehr passiert ist), dann kommt die reflexartige Antwort: „Ich höre, du hast dich geärgert. Was genau hat dich verärgert?".

Ich kann später immer noch für mich sorgen und meinetwegen feststellen, dass ich eben kein Vollidiot bin. Doch um in der Situation handlungsfähig zu bleiben und vor allem noch ein konstruktives Gespräch zu erreichen, ist das aktive Zuhören absolut essentiell.

Sie merken gerade, dass eine wesentliche Voraussetzung für die konsequente Anwendung des aktiven Zuhörens das Selbstbewusstsein ist. Lassen Sie uns dieses Phänomen einmal kurz beleuchten

Exkurs: Sei dir deines Selbst bewusst

Wir werden das Selbstbewusstsein noch viel eingehender im Kapitel „Wohlfühl -Übungen" beleuchten. An dieser Stelle möchte ich Sie lediglich auf den Wortstamm dieses Ausdrucks aufmerksam machen. „Selbst-Bewusstsein" bedeutet zunächst einmal, dass man sich seiner selbst bewusst ist. Nicht mehr und nicht weniger. Es bedeutet nicht, dass man den Eindruck hat, alles zu können. Man ist sich seiner Stärken, aber eben auch seiner Schwächen bewusst und weiß, wo man steht.

In obigem Fall müsste sich der Call-Center-Agent fragen: Habe ich die dreiwöchige Verspätung für den Kunden verschuldet? Ist es mein Fehler? Hat er die letzten drei Male mit mir gesprochen und ich habe nichts gemacht? Meint er mich? Oder habe ich gute Arbeit geleistet und alle Anfragen schnell und zur Kundenzufriedenheit beantwortet?

Wenn er hier mit sich im Reinen ist, gibt es gar keinen Grund, die Aggressivität des Kunden auf sich zu beziehen. Ein „selbst-bewusster" Agent würde gar nicht auf die Idee kommen, dass er gemeint ist. Stattdessen würde er sich augenblicklich in die Lage des armen Teufels versetzen können, der nun seit drei Wochen nicht ins Internet kommt. Das aktive Zuhören würde gar nicht als Technik eingesetzt werden, es käme automatisch eine Bekundung des Verständnisses.

Zu Beginn hatte ich ja von zwei Effekten des aktiven Zuhörens gesprochen. Den einen haben wir nun umfassend erörtert: die Gesprächsatmosphäre verbessert sich schlagartig. Widmen wir uns im Folgenden also noch den Motiven Ihres Gesprächspartners und deren Nutzen für Ihre Argumentation. Das folgende Gespräch unter Kollegen illustriert dies.

Beispiel: Kollegengespräch

Kollege A: Also ich fliege ja innerhalb von Deutschland immer zu meinen Meetings. Kollege B: Was gefällt dir daran besonders? Kollege A: Ich finde das bequem, man setzt sich rein, bekommt einen Drink und schon ist man da! Kollege B: Wenn

ich dich richtig verstehe, kommt es dir besonders auf die Bequemlichkeit und den schnellen Transport von A nach B an? Kollege A: Genau. Kollege B: Dann würde ich mal über den Zug als Alternative nachdenken. Man hat keinerlei lästige Sicherheitschecks wie am Flughafen, kann sich von Minute eins an entspannen, die Drinks werden auch serviert und meistens ist man innerhalb von Deutschland sogar schneller und auch zentraler am Zielort, nimm mal Hamburg als Beispiel, der Flughafen ist ja ziemlich weit draußen! Also sehr bequem und noch schnell.

Unabhängig davon, ob sich Kollege A in dieser Sache wirklich überzeugen ließ, ist die Wahrscheinlichkeit hierfür durch diesen Gesprächsverlauf ungleich höher als im „normalen" Diskussionsfall, bei dem Argumente hitzig hin und her ausgetauscht werden. In diesem Beispiel gäbe es sicherlich viele Kollegen, die die „Umweltkarte" als Argument ziehen und dem Kollegen ein schlechtes Gewissen einreden würden, weil dies eben den eigenen Glaubenssätzen (siehe dort) entspricht. Wie wir jedoch bereits gesehen haben, müssen unsere eigenen Motive nicht auf unser Gegenüber zutreffen. Wenn man wirklich überzeugen möchte, lohnt es sich also, die Motive des anderen zu erfragen und festzuhalten. Wenn man danach eine Lösung präsentiert, die diese Bedarfe und Motive abdeckt, wird es für den anderen sehr schwer, diese abzulehnen.

Tipp: Nutzen Sie das aktive Zuhören
Sie sollten ab heute in jedem Gespräch mindestens einmal aktiv zuhören. Besonders dienlich ist es, wenn die Gesprächsatmosphäre bereits erhitzt ist. Darüber hinaus sollten Sie diese Technik auch dazu nutzen, die Motive Ihres Gesprächspartners festzuhalten und diese danach im Rahmen Ihrer Vorschläge optimalerweise auch berücksichtigen.

Doch natürlich sollte hier auch ein Wort der Warnung angebracht werden: Übertreiben Sie nicht! Falls Sie mehrmals hintereinander aktiv zuhören, kann eine Irritation beim Gegenüber auftreten. Im schlimmsten Falle hält er Sie für jemanden, der nur nachplappert. Setzen Sie diese Technik daher sparsam aber regelmäßig ein, vor allem dann, wenn Sie merken, dass Ihr Gesprächspartner langsam aber sicher ärgerlich wird.

Der zweite Hinweis gilt der Formulierung, die Sie beim aktiven Zuhören nutzen. Ich selbst habe mit dem Satz „Wenn ich Sie richtig verstehe, dann..." keinerlei Probleme, er geht mir sozusagen locker über die Lippen. Andere wiederum sagen lieber etwas wie „Das heißt also..." oder „Für Sie ist es also besonders wichtig, dass...". Experimentieren Sie mit diesen Formulierungen und wählen Sie diejenige aus, die am besten zu Ihnen passt.

Bevor wir zum nächsten Kommunikationswerkzeug gehen, möchte ich Ihnen noch einen Gelassenheits-Tipp in Verbindung mit dem aktiven Zuhören verraten:

> **Tipp:** Prüfen Sie Ihre Ärgerauslöser und hören Sie aktiv zu!
> Bei nächster Gelegenheit bitte ich Sie, genau zu analysieren, bei welchen Bemerkungen Sie sich ärgern. Was müssen Kollegen, Ihr Chef oder sogar Freunde sagen, dass Sie sich aufregen? Schreiben Sie dann zu Hause einmal diesen Auslösesatz auf und formulieren Sie für sich eine Frage in Form des aktiven Zuhörens. Mit etwas Übung kommen Sie sehr schnell in die Situation, auch „live" eine wunderbare Entgegnung zu erwidern.

Wenn Sie es schaffen, das aktive Zuhören in Ihr spontanes Repertoire aufzunehmen, werden Sie nachhaltig gelassener reagieren!

Ich-Botschaften

Ich wage in Seminaren immer gerne zu behaupten, dass wir Menschen evolutionsbiologisch dem Neandertaler noch sehr ähneln. Die fundamentalen Reaktionsweisen sind quasi identisch. Wenn in früheren Zeiten der Säbelzahntiger die Bühne betrat, gab es für den Neandertaler nur zwei mögliche Reaktionen: Flucht oder Kampf. Neudeutsch nennen Psychologen dieses Muster Fight or Flight. Dieser Begriff geht auf den amerikanischen Physiologen Walter Cannon zurück. Im deutschen Raum hat Hans Selye diesen Terminus übernommen, als er die Stressforschung stark vorangetrieben hat.

Im Fight/Flight-Modus produziert das Gehirn verstärkt Adrenalin, das zu den bekannten Aktivierungsreaktionen wie beschleunigter Herzschlag, erhöhter Muskeltonus, schnellere Atmung usw. führt. Im Falle des Säbelzahntigers macht dies auch wirklich Sinn: Der Körper aktiviert seine Reserven, um sich auf den Kampf vorzubereiten oder zu fliehen. Säbelzahntiger existieren heute zwar nicht mehr, dennoch fahren wir unser System regelmäßig hoch, auch wenn die Bedrohung nur vermutet oder gar nicht existent ist.

Ein schönes Beispiel hierfür ist Kritik. Sowohl das Aussprechen als auch das Erhalten von Kritik führt zu einer erhöhten Aktivität und zur Entscheidung, ob man kämpfen oder flüchten soll. Wenn Sie bspw. einem Freund die Rückmeldung geben, dass er geizig ist (weil Sie bisher regelmäßig für die abendlichen Getränke bezahlt haben), wird er sich vermutlich entweder verschließen und nichts mehr erwidern (Flucht) oder einen Gegenangriff starten, etwa indem er Ihnen eigenes Fehlverhalten bei irgendwelchen Gelegenheiten vorwirft (z.B. könnte man hier alle Situationen anführen, bei denen man selbst einmal eingeladen wurde und undankbar war).

Die Technik der Ich-Botschaft kann diesen Teufelskreis aus Flucht bzw. Angriff durchbrechen. Im Gegensatz zu der Du-Botschaft (Du bist geizig, aggressiv, unpünktlich usw.) thematisiert die Ich-Botschaft die eigene Befindlichkeit und appelliert damit quasi an die Hilfsbereitschaft des anderen. „Mir ist aufgefallen, dass ich die letzten fünf Abende gezahlt habe, wie wollen wir damit umgehen?", wäre eine beispielhafte Formulierung im oben erwähnten Geiz-Beispiel. Der Angesprochene bezieht zunächst den Frust nicht auf sich, sondern wird sogar als „Helfer" aktiviert. Er kann nun für das Problem seines Freundes eine Lösung herbeiführen. Natürlich ist auch eine Gegenfrage möglich: „Willst du damit sagen, dass ich geizig bin?". Antwort: „Nein, das ich möchte ich nicht sagen, ich wollte dir nur die Situation schildern und frage dich, ob du eine Idee hast, wie wir damit umgehen sollen!".

Auch auf die Gefahr hin, dass dieser Dialog etwas künstlich wirkt, Sie sehen den Unterschied zur Du-Botschaft: Sie bringen Ihr Anliegen vor und steuern eine konstruktive Lösung an, ohne Ihr Gegenüber notwendigerweise zu verärgern. Nur so ist es möglich, die Gefahr von Kampf oder Flucht zu vermindern und konsensfähig zu bleiben.

Üben Sie doch einmal passende Ich-Botschaften:

Übung: Von der Du- zur Ich-Botschaft

Nehmen Sie nochmals die Liste der Ärger-Ursachen aus dem Glaubenssatz-Kapitel zur Hand. Jetzt erstellen Sie eine Tabelle mit zwei Spalten. In die linke Spalte schreiben Sie die Du-Botschaft, bspw. du bist geizig, unpünktlich, nicht ordentlich genug, zu langsam usw. Die rechte Spalte ist nun für Ihre Ich-Botschaft reserviert. Hier könnte stehen: **Mir** ist Pünktlichkeit sehr wichtig, **ich** befürchte, dass wir nicht rechtzeitig fertig werden, wenn..., **ich** fühle mich verletzt, wenn ...

Aus meiner Erfahrung behaupte ich, dass Ihnen diese Übung nicht besonders leicht gefallen ist. Viele meiner Teilnehmer empfanden es sehr schwer, von der „Anklage" zur Selbstaussage zu kommen. Beim Formulieren der Du-Botschaften kommt es darüber hinaus noch zu einem sehr häufigen Phänomen, das ich im folgenden Exkurs näher erläutern möchte: Man nutzt Kommunikationsbremsen.

Exkurs: Die Kommunikationsbremsen

Im Eifer des Gefechtes nutzen wir häufig Formulierungen, die unsere Argumente stark untermauern sollen. Doch leider führen diese eher zum Gegenteil: Wir schwächen uns selbst. Betrachten wir einmal gemeinsam die häufigsten kommunikativen Bremsen, die erneut die Kampfbereitschaft beim Gegenüber provozieren und uns damit von einer konstruktiven Lösung abbringen.

Verallgemeinerungen

„Nie räumst du dein Zimmer auf, ständig lässt du deine Socken herum liegen...". Haben Sie gerade ein Déjà-vu-Erlebnis aus Ihrer Kindheit? Warum waren derartige Aussagen Ihrer Eltern eigentlich so ungerecht? Weil sie nicht stimm(t)en. Wenn Sie auch nur einmal, nämlich dienstagmorgens am 28. Oktober des Jahres 1982, Ihre Socken weggeräumt haben, wird eine verallgemeinernde Aussage, wie „Nie machst du das", als Unrecht und schlicht falsch empfunden.
Verallgemeinerungen wie bspw. ständig, immer oder nie stärken nicht Ihre Aussage, ganz im Gegenteil, sie machen Sie angreifbar. Der Gesprächspartner muss Ihnen nur kalt lächelnd einen Gegenbeweis präsentieren, um aus dem Schneider zu sein. Betrachten wir ein Business-Beispiel aus dem Führungsalltag:
„Müller, ständig kommen Sie zu spät!" bringt die Führungskraft in Schwierigkeiten und in Präzisierungsnöte, wenn Herr Müller belegen kann, dass er überwiegend pünktlich erscheint. Bei einer konkreten Rückmeldung, wie bspw. „Herr Müller, am 13., 15. und 23. dieses Monats sind Sie zwischen einer und zwei Stunden zu spät zur Arbeit erschienen, woran lag das?" hat Müller nun keine Chance mehr, sich rauszureden. Lassen Sie mich nochmals ganz deutlich festhalten: Verallgemeinerungen führen nicht zu mehr Gelassenheit!

Weichmacher

„Eigentlich könnten Sie vielleicht mal ein bisschen durchsetzungsorientierter sein". Sie sehen schon, diese Aussage ist zwar gut gemeint, der Sprechende wirkt jedoch selbst alles andere als durchsetzungsorientiert. Es ist sehr interessant festzustellen, dass unsere Sprache sehr häufig von „Weichmachern" durchsetzt ist und wir unsere Aussagen dementsprechend sehr abschwächen. Gerade Distanz-Typen werden von derartigem Feedback selten erreicht. Sie hören genau die Interpretationsspielräume und nutzen diese direkt. Aus einem „Vielleicht" wird bei ihnen häufig ein „Vielleicht aber auch nicht" und damit verpufft die Ansage. Für Sie bedeutet dies, dass Sie zwar ein Feedback gegeben haben, jedoch überhaupt nicht kontrollieren können, ob auf der Gegenseite auch etwas passiert. Natürlich haben Weichmacher auch einen Zweck: Man möchte den anderen nicht verärgern und versucht, die Kritik „kleiner" zu machen. In Wahrheit machen Sie sich selbst jedoch kleiner. Dies haben Sie jedoch nicht nötig; wenn Sie kritisches Feedback geben müssen, können Sie dies per Ich-Botschaft schonend erledigen, ohne jedoch an Präzision zu verlieren. Sie sehen, um gelassener zu werden, dienen die Weichmacher nicht.

Dozieren / Vorschreiben / Ratschläge
Wir haben bereits festgestellt, dass gerade Distanz-Typen mit Belehrungen schlecht umgehen können. Aussagen wie bspw. „Sie müssen", „Sie dürfen nicht", „Das haben Sie falsch verstanden" usw. kommen jedoch bei keinem Gesprächspartner gut an. Niemand lässt sich gerne vorschreiben, was er zu tun und zu lassen hat, nachdem man die harte Zeit der Pubertät hinter sich gelassen hat. Vermeiden Sie also derartige Aussagen konsequent, um die Kommunikation nicht zu blockieren. Eine bspw. sehr gute Alternative zum „Das haben Sie falsch verstanden" ist „Da habe ich mich missverständlich ausgedrückt". Sie sehen, Sie übernehmen als Gesprächspartner die Verantwortung und schieben Sie nicht Ihrem Gegenüber zu.

Aber...
Bei Feedback kommt es häufig vor, dass man mit einer Aufzählung arbeitet nach dem Motto „Das war gut, das war auch gut... aber hier warst du schlecht.". Wir alle kennen die Andeutungen auf das kommende Aber und lauern sozusagen auf den „Haken", der gleich genannt wird. Die Konsequenz? Meistens wird das Positive, das vorher angesprochen wird, überhaupt nicht oder nur am Rande wahrgenommen, denn wir sind viel zu sehr auf das kommende Negative fokussiert. Als Alternative zum Aber möchte ich Ihnen anbieten, dass Sie Ihre Bedingung auch formulieren. Unter den meisten „Abers" steckt eine Kondition, ein Wunsch. Ich wünsche mir etwas anders oder besser und deshalb nutze ich das Aber. Betrachten wir einen Beispieldia-

log, in dem die Vertriebsführungskraft Ihrem neuen Mitarbeiter, der gerade sein erstes Kundengespräch führen durfte, Feedback gibt. Zunächst nutzt der Chef das altbekannte Aber:

Beispiel: Feedback mit „aber"
„Sie haben eine sehr gute Nutzenargumentation gemacht und auch sehr gut die Kundenbedarfe analysiert, **aber** das Cross-Selling haben Sie vergessen, Sie hätten noch viel mehr unserer Produktpalette anbringen und verkaufen können!"

Erfahrungsgemäß geht der Mitarbeiter nun leicht verunsichert aus dem Gespräch. Ein Nähe-Typ wird sich eventuell große Vorwürfe machen und im Extrem sogar fundamental an seinem verkäuferischen Talent zweifeln. Dies war jedoch vermutlich überhaupt nicht die Absicht der Führungskraft. Für ihn war es wirklich schon ein sehr gutes Gespräch. Lassen Sie uns gemeinsam das Aber durch ein Und wenn ersetzen:

Beispiel: Feedback mit „und wenn"
„Sie haben eine sehr gute Nutzenargumentation gemacht und auch sehr gut die Kundenbedarfe analysiert. **Und wenn** Sie zukünftig noch stärker auf das Thema Cross-Selling achten, ist das Gespräch kaum noch zu toppen."

Ich denke, es wird deutlich, dass der Mitarbeiter das zweite Gespräch ungleich motivierter verlässt. Dies hat Auswirkungen auf seine als auch auf Ihre Gelassenheit.

Blauer Schneemann
Der „Blaue Schneemann" ist eines der interessantesten Konzepte aus der Hypnotherapie. Es beschreibt die Unmöglichkeit, seine Aufmerksamkeit gezielt nicht auf einen erwähnten Fokus zu konzentrieren. Machen Sie doch einmal den Test:
Denken Sie nun bitte nicht an einen blauen Schneemann. Das wird Ihnen nach dieser Aufforderung nicht mehr so einfach gelingen.
Natürlich können wir nicht nicht fokussieren. Wenn unsere Aufmerksamkeit auf etwas gelenkt wird, so ist das nicht ungeschehen zu machen. Gerade Dinge, die wir unbedingt vermeiden möchten, haben so einen großen mentalen „Druck" für uns, dass wir sie unbedingt aussprechen möchten. Dies führt nur leider zu den Ergebnissen, die wir gerade vermeiden möchten. Nehmen wir ein Businessbeispiel: Der Vorstandsvorsitzende, der im Rahmen der Betriebsversammlung folgende Aussage tätigt: „Meine Damen und Herren, wir sprechen hier

nicht von Personalabbau!", bringt seine Mitarbeiter damit erst dazu, daran zu denken. Spätestens in der dritten Reihe beginnen die Mitarbeiter nun zu tuscheln: „Hast du gehört, der spricht von Personalabbau!". Wir laden quasi die Dämonen ein, die wir am liebsten vertreiben würden. Bevor ich weitere Businessbeispiele nutze, möchte ich dieses Konzept in Ihrem Alltag verankern: Ich lade Sie dazu ein, in den nächsten Park zu gehen. Zum einen kann alleine dieser Spaziergang schon Ihre Gelassenheit erhöhen. Darüber hinaus bitte ich Sie, „Blaue-Schneemann-Polizei" zu spielen. Achten Sie einmal sehr bewusst auf die Verbotsschilder im Park. Ich wette mit Ihnen, dass Sie mehrere Hinweise finden werden, die die Aufmerksamkeit darauf lenken, was man nicht tun darf. Beispielsweise wird man darauf hingewiesen, dass es verboten ist, den Rasen zu betreten, Grillen untersagt ist und man auf der Wiese nicht Fußball spielen darf. Wohin geht die Aufmerksamkeit? Natürlich auf alle diese Dinge. Nun könnten Sie natürlich erwidern, dass es der Sinn eines Verbotsschilds ist, auf Verbotenes hinzuweisen. Nur muss man hierfür Verbote aussprechen, die die Aufmerksamkeit genau auf die Dinge lenkt, die man nicht haben möchte? Oder kann man auch mit Erlaubnisschildern arbeiten, die beschreiben, was wo erlaubt ist? Ich habe bisher einmal ein in diesem Sinne „sinnvolles" Schild gesehen, nämlich „Bitte auf den Gehwegen bleiben". Hier wird die Aufmerksamkeit dahin geführt, wo sie hingehört. Auch gut ist bspw. „Hunde bitte an der Leine führen", da dies ebenfalls gewünscht ist.

Doch vom Park zurück zu Ihrem Businessalltag. Gerade im Wirtschaftsleben werden Unmengen von blauen Schneemännern produziert: „Ich will Sie ja nicht über den Tisch ziehen...", „Es ist nicht so, dass ich Sie für inkompetent halte..." oder auch „Es liegt mir völlig fern, Ihnen zu drohen..." sind weit verbreitete Beispiele.

> **Tipp:** **Achten Sie auf „blaue Schneemänner"**
> Überlegen Sie sich, was Sie bewirken möchten, was Ihre Ziele sind. Diese formulieren Sie nun positiv. Auch wenn Sie Angst vor den negativen Aspekten haben, so benennen Sie diese nicht. Stattdessen leiten Sie die Aufmerksamkeit des Hörers ausschließlich in die die von Ihnen gewünschte Richtung.

Sie sehen, es gibt eine ganze Reihe von Äußerungen, die unsere Kommunikation nicht gerade begünstigen. Wir machen es uns selbst schwer, wenn wir diese Bremsen einsetzen, da es uns im Nachgang wiederum der Gesprächspartner schwer macht. Auch hier gilt: Man erntet, was man sät. Doch lassen Sie uns nach diesem Exkurs über Kommunikationsbremsen zu den Ich-Botschaften zurückkehren und diese noch etwas präzisieren.

SEK-Modell

Viele meiner Teilnehmer sehen in dieser Abkürzung natürlich zunächst einmal das Sonder-Einsatz-Kommando. Genau genommen haben Sie damit gar nicht unrecht. Zwar bedeutet SEK in diesem Falle Situation-Emotion-Konsequenzen, jedoch kommt die Bedeutung dieser Kommunikationstechnik für uns, die wir gelassener werden wollen, einem Sonder-Einsatz-Kommando sehr nahe.

Wir nutzen das SEK, wenn wir eine Ich-Botschaft präzisieren möchten. Auch hier betrachten wir am besten ein Beispiel: Ich habe an anderer Stelle bereits angesprochen, dass es nicht unbedingt zieldienlich ist, einen Mitarbeiter, der zu spät zur Arbeit erscheint mit den Worten „Ständig kommen Sie zu spät" zu begrüßen. Stattdessen lohnt es sich, ein SEK zu formulieren:

„Herr Müller, am 13., 15. und 23. dieses Monats sind Sie zwischen einer halben und einer Stunde zu spät zur Arbeit erschienen (Situation). Deshalb bin ich als Ihre Führungskraft irritiert (Emotion) und möchte Sie daher fragen, was los war (Konsequenzen)?

Je nach Führungskultur ist natürlich auch das direkte Aussprechen von stärkeren Konsequenzen wie bspw. „Im Wiederholungsfall droht Ihnen eine Abmahnung" denkbar. Sie verbinden mittels des SEK ein möglichst schonendes Feedback mit einer sehr präzisen Aussage. Dies führt zu einer äußerst konkreten, aber dennoch wertschätzenden Kommunikation.

Betrachten wir vor allem den Emotionsteil in der Botschaft. In obigem Beispiel habe ich die Emotion „irritiert" genutzt. Aus meiner Erfahrung ist dies eine recht neutrale Emotion, die leichtes Unwohlsein ausdrückt, ohne jedoch allzu stark beim Gesprächspartner anzukommen. Irritiert zu sein, ist bspw. ebenso bei hierarchisch höher stehenden Personen erlaubt. Wenn Sie also Ihrem Chef ein negatives Feedback geben müssen, dann nutzen Sie besser „Das hat mich irritiert" als „Das hat mich verärgert". Sie sehen, manchmal handelt es sich um kleine Bedeutungsnuancen, die entscheiden, ob mein Gesprächspartner die Kritik gerade noch annehmen kann, oder eben nicht.

Zurück zu den Emotionen. Diese lassen sich auf einer Bandbreite abbilden, die von neutral (irritiert) bis sehr deutlich und konfrontativ (z. B. ich bin maßlos enttäuscht, ich halte dies für moralisch verwerflich) gehen können. Ich rate Ihnen, zunächst einmal sprachlich Zugang zu Ihren Emotionen zu finden. Sie haben sich ja bereits eine Liste mit Dingen, die Sie aufregen können, angelegt. Versuchen Sie nun, eine passende emotionale Beschreibung Ihres Zustands zu finden. Was passiert mit Ihnen, wenn ein anderer dies oder das sagt?

Um jedoch das SEK in jeder adäquaten Situation anwenden zu können, schlage ich zunächst vor, als Standard das Wort irritiert zu wählen, weil Sie damit sicherlich richtig liegen und weder zu weich noch zu hart argumentieren.

Um den Wert dieser Technik für Ihre Gelassenheit zu demonstrieren, möchte ich Ihnen ein weiteres Beispiel aus einem meiner Seminare anbieten:

Die Führungskraft erschien am zweiten Tag des Seminars etwas verspätet und entschuldigte sich hierfür direkt. Ihre Begründung war, dass sie ja viel Geld für das Seminar ausgebe und sich vorgenommen hatte, eine der Techniken, nämlich das SEK, im Rahmen eines morgendlichen Telefonats zu nutzen.

Das Gespräch führte sie mit einer Kollegin. Das Verhältnis zur besagten Kollegin war sehr angespannt, da die beiden in den letzten zwei Jahren sehr häufig gestritten hatten. Für die Führungskraft waren die Konsequenzen aus diesen Streitigkeiten regelmäßige Bauchschmerzen im Nachgang. Diesmal wollte sie also anders handeln.

Die Situation war nun die, dass die Kollegin eine Auswertung versprochen, aber nicht geliefert hatte. Im Rahmen einer „normalen" Konversation der beiden hätte man sich gegenseitig Vorwürfe gemacht und wäre quasi in den Kampf gezogen. Doch nicht heute! Der nachfolgende Dialog beschreibt das Telefonat zwischen „meiner" Führungskraft und der Kollegin.

Beispiel: Kritikgespräch mit SEK

Führungskraft: Hallo Frau Muster, ich hab eine Frage. Wir hatten ja gemeinsam vereinbart, dass ich bis gestern Abend die Liste XYZ erhalte. Bisher ist die leider nicht bei mir angekommen (Situation). Das bringt mich nun in große Probleme und bereitet mir Kopfschmerzen (Emotion), da ich die Modifikationen ja an den Vorstand weiterleiten muss. Was können wir jetzt machen? (Konsequenzen).

Die Folge? Die Führungskraft war völlig „baff", da sich ihre Kollegin das erste Mal in dieser zweijährigen Zusammenarbeit entschuldigt hat!

Sie schickte die Liste sofort zu und sagte nochmals, dass es Ihr Leid täte, dass sie diese offensichtlich vergessen habe.

Auch auf die Gefahr hin, dass Sie den Dialog anzweifeln, er ist wirklich real so abgelaufen inklusive des neuartigen Ausgangs. Das SEK hatte dazu geführt, dass sich die Kollegin nicht sofort auf den Schlips getreten fühlte und direkt in den konstruktiven Modus umgesprungen ist.

Und „meine" Führungskraft? Für sie war es ein unglaublicher Augenöffner. Sie verglich ihre emotionale und physiologische Lage während der letzten zwei Jahre (starker Ärger, Magenkrämpfe) mit der aktuellen Situation (Stolz, gelöste Stimmung) und bedauerte lediglich, die Technik nicht bereits vorher gekannt zu haben.

Meta-Kommunikation

Das abschließende Werkzeug der Meta-Kommunikation kann ebenfalls äußerst wertvoll zu Ihrer Gelassenheit beitragen. Wir alle kennen Situationen, bei denen nichts mehr geht. Beide Gesprächspartner haben sich festgefahren und ein Ausweg scheint nicht in Sicht. In dieser Situation lohnt es sich, eine Kommunikation „über" die Kommunikation zu führen. Man thematisiert hierbei das, was man während des Gesprächs wahrgenommen hat. Anstatt also ständig die eigenen Argumente zu wiederholen, unterbricht man diese Spirale und sucht nach einer alternativen Vorgehensweise. Der folgende Beispieldialog illustriert dies:

Beispiel: Meta-Kommunikation

„Herr Meier, ich habe den Eindruck, wir sind in einer Sackgasse gelandet. Ich habe gute Argumente genannt und Sie auch. Momentan weiß ich nicht genau, wie wir weiter vorgehen sollen, weil ich den Eindruck habe, dass wir uns im Kreis drehen. Wie empfinden Sie es und haben Sie eine Idee? (Alternative Frage:) Was müsste passieren, damit wir aus dieser Sackgasse herauskommen?"

Was passiert nun? Entweder der Gesprächspartner ist auch ratlos, sieht aber die Situation ähnlich; dann kann man sich vertagen und eventuell mit etwas Abstand zu einer besseren Lösung kommen. Oder Herr Meier in diesem Beispiel hat eine tolle Idee, wie man die Sackgasse überwinden könnte. In beiden Fällen haben Sie gewonnen! Falls Sie sich vertagen, haben Sie wertvolle Lebenszeit gespart! Denken Sie bitte einmal an alle Konversationen zurück, bei denen Sie sich hilflos fühlten, weil es einfach nicht voran ging. Man wiederholt dann krampfhaft die eigenen Argumente, eventuell auch lauter, in der Hoffnung, dass der andere es dann endlich kapiert. Dem anderen geht es allerdings höchstwahrscheinlich ähnlich bis genauso. Nutzen Sie also die Meta-Kommunikation, wenn

- sich Argumente wiederholen,
- Sie den Eindruck haben, dass der andere einfach nicht verstehen will,
- Sie meinen, eine Sackgasse entdeckt zu haben,
- Ziele bedroht werden.

Gerade der letzte Punkt ist sehr interessant und wird in Meetings oder Sitzungen gerne vernachlässigt. Wenn Sie bspw. eine Agenda haben und diese vier Ziele enthält, so kann man hochrechnen, wie viel Zeit durchschnittlich für jeden Punkt zur Verfügung steht. Wenn Sie nun feststellen, dass man bereits sehr lange an Punkt eins arbeitet, dann lohnt sich ebenfalls die Meta-Kommunikation:
„Mein Eindruck ist, dass wir uns schon sehr lange mit Punkt eins beschäftigen und die Gefahr besteht, dass wir die übrigen Punkte nicht mehr im Rahmen dieses Meetings angehen können. Wie seht ihr das und wie sollen wir damit umgehen?"
Der Meta-Kommunizierende in diesem Beispiel schreibt den anderen nicht vor, wie das Meeting zu führen ist. Er spricht lediglich seine Beobachtung an und fragt (im SEK-Stil) nach möglichen Konsequenzen. Sprechen Sie also über das Sprechen, um eine sinnvolle weitere Vorgehensweise zu begünstigen.
Da ich Ihnen nun das letzte Kommunikationswerkzeug präsentiert habe, möchte ich nochmals kurz zusammenfassen, an welcher Stelle und wie genau, diese zu Ihrer Gelassenheit beitragen können.

> **Checkliste: Gelassenes Nutzen der Kommunikationswerkzeuge**
>
> - **Passives Zuhören** dient zunächst einmal einer guten Gesprächsatmosphäre und ist generell einsetzbar.
> - **Aktives Zuhören** dagegen, sollte nicht inflationär angewandt werden. Wenn Sie es jedoch einsetzen, so erzielen Sie eine deutliche Verbesserung des gegenseitigen Verständnisses, der Gesprächsatmosphäre und Sie erhalten einen guten Hinweis auf die Motive des Gegenüber, die Sie im Folgenden behandeln können.
> - **Ich-Botschaften und SEK** sind immer angeraten, wenn Sie einem anderen eine negative und potentiell „kränkende" Information überbringen möchten.
> - **Die Meta-Kommunikation** dient als kommunikative Handbremse, wenn gar nichts mehr geht!

Die wesentlichen Gesprächsphasen für mehr Gelassenheit

An dieser Stelle möchte ich die Motorrad-Metapher erneut nutzen. Die Kommunikationswerkzeuge habe ich mit Werkzeug bei einem motorisierten Ausflug verglichen. Kommen wir nun also zur gleichermaßen wichtigen Bauanleitung, die Hinweise liefert, wo der Schraubenschlüssel im Ernstfall anzusetzen ist. Auch für den gelungenen Aufbau eines Gesprächs gibt es eine Art Bauplan, bei dem man in die einzelnen Gesprächsphasen Elemente einbauen kann, die der Gelassenheit dienlich sind. Die wesentlichen Phasen einer Gesprächsbauanleitung im Überblick:

Aufwärmen
Gesprächsziel
Ausgangssituation
Frage/Argument
Teilübereinstimmung
Vereinbarung
Abkühlen

Abbildung 7: Die Gesprächsphasen

Lassen Sie uns nun genauer betrachten, was Sie bei den wichtigsten Gesprächsphasen beachten sollten.

Die Aufwärmphase

Bei den meisten Gesprächen sollten wir uns die Zeit nehmen und der Pflicht nachkommen, uns dem Gesprächspartner „langsam" zu nähern und ihm Gelegenheit bieten, mit uns warm zu werden. Generell eignen sich dafür natürlich alle Small-Talk-Themen. Ich rate Ihnen jedoch, gerade bei wichtigen Gesprächspartnern, sich Notizen zu machen und hierauf zu referieren. Stellen Sie sich vor, Sie haben Ihrem Chef erzählt, dass Sie beabsichtigen, im März einen Marathon zu laufen. Zwischenzeitlich wurde dieses Thema nicht mehr angeschnitten. Wenn Ihr Chef Sie nun im März aktiv anspricht und fragt, ob Sie schon gelaufen sind und wie es war, dann macht dies sicherlich bei Ihnen einen sehr positiven Eindruck, denn Sie vermuten, dass Ihr Chef nicht nur ein Interesse an Ihren Arbeitsergebnissen hat, sondern auch an Ihnen als Mensch. Insofern sind alle Beobachtungen, die Ihr Interesse zeigen, für den Gesprächspartner wertvoll und wertschätzend. Wenn Sie also von wichtigen Ereignissen des anderen (oder seiner Kinder) wissen, dann schafft dies einen sehr schönen Einstieg als „Aufwärmer". Ebenfalls geeignet sind natürlich Urlaubsvorhaben, Sportereignisse, Hobbys und ähnliches.

Das Gesprächsziel

Das frühzeitige Ansprechen des Gesprächziels wird leider immer noch als Gelassenheitstechnik unterschätzt. Stellen Sie sich vor, Sie werden zu Ihrem Chef gerufen und dieser beschreibt lang und breit eine Kundensituation aus der letzten Woche. Es wird nicht sehr lange dauern, bis Sie eine leichte Unruhe verspüren werden aus der einfachen Tatsache heraus, dass Sie nicht wissen, wohin dieses Gespräch führen wird. „Will er mich jetzt loben oder abmahnen?" könnten Gedanken sein, die Ihnen in dieser Situation durch den Kopf gehen. Diese Gedanken sind allerdings keinesfalls gelassenheitsdienlich! Ganz im Gegenteil, einer der größten „Gelassenheitskiller" sind Sorgen. Wann immer Sie sich um etwas Sorgen machen, sollten Sie schnellstens alle verfügbaren Optionen und Informationen prüfen. In unserem Fall lohnt die Frage, „Was ist Ihres Erachtens das Ziel des heutigen Gesprächs? Was sollte heute passieren, damit sich dieses Gespräch für Sie gelohnt hat?". Doch auch für Sie selbst als „Einladender" ist es sehr entlastend, das Gesprächsziel sofort anzusprechen, gerade wenn Sie etwas Unangenehmes kommunizieren müssen. In unzähligen Rollenspielen habe ich immer wieder gesehen, dass die meisten Teilnehmer bei negativem Feedback beginnen, herumzudrucksen. So nutzen Sie Weichmacher (eigentlich, ein bisschen usw.) und kommen erst sehr spät heraus mit der Sprache. Für alle war es dann (z. B. im Rahmen eines zweiten Übungsgespräches) jedoch extrem entlastend, das Ziel sofort anzusprechen: „Leider muss ich Ihnen heute eine Abmahnung aussprechen, ich möchte aber auch erläutern, weshalb." Für beide Seiten ist diese Eröffnung mit weniger Aufregung versehen, weil das Thema auf dem Tisch ist und man weiß, woran man ist. Derartige Anlässe (Kritik, Abmahnungen oder bspw. Kündigungen) sind übrigens die berühmte Ausnahme von der Regel, was unsere Gesprächsphasen angeht. Hier halten wir die Aufwärmphase sehr kurz bis nicht existent, um ebenfalls unnötige Spannungen zu vermeiden. Bei wichtigen Gesprächen sollten Sie sich also unbedingt überlegen, wie Sie das Gesprächsziel ansprechen. Dies muss nicht notwendigerweise schon sehr detailliert sein, sondern muss Orientierung geben können. Eine gute Formulierung ist: „Ziel unseres heutigen Gesprächs ist es...".

Ausgangssituation

Erst nachdem das Ziel formuliert ist, kann die Ausgangssituation beschrieben werden. Im Falle eines kritischen Feedbacks bietet sich das bereits beschriebene SEK-Modell an. Wichtig ist es, die Situation möglichst exakt zu beschreiben und auf Verallgemeinerungen oder fehlende Präzision zu verzichten, da diese vom Gesprächspartner genutzt werden kann, um bspw. auf „Nebenkriegsschauplätze" auszuweichen.

Frage / Argument

In einem Gespräch wechseln sich Fragen und Argumente naturgemäß ab. Hierbei stellen vor allem Fragen ein wichtiges Gelassenheitsmoment dar. Mit Hilfe einer adäquaten Frageorientierung erzielt man mindestens zwei Effekte: Zum einen eine Steuerung des Gesprächs, da der Gesprächspartner am Zug ist, zum anderen Zeitgewinn, der hilft eigene Gedanken zu sortieren und etwaige Gegenargumente zu formulieren.

> **Tipp: Fragen als „Nachdenkhilfe"**
> Nutzen Sie Fragen, um Zeit zu gewinnen oder unfaire Angriffe abzuwehren. Üben Sie reflexartiges Nachfragen, wenn Sie keine spontane Antwort parat haben. „Wie genau meinen Sie das?", „Was meinen Sie mit (näher zu definierender Begriff)?" oder auch „Weshalb fragen Sie?" können Ihnen hierbei gute Dienste leisten.

Teilübereinstimmung

Teilübereinstimmungen in Gesprächen sind ebenfalls wunderbare Gelassenheits-Gelegenheiten. Wann immer Ihnen der Gesprächspartner auch nur ein kleines Stück entgegenkommt, sollten Sie dies lobend erwähnen und betonen. Einmal nehmen Sie damit etwas Spannung aus der potentiell gereizten Stimmung, da Sie erneut signalisieren, dass Sie gut zuhören. Zum anderen können Sie die getroffene Aussage zu einem späteren Zeitpunkt wiederum für sich nutzen. Der folgende Beispieldialog zeigt eine sehr schön angewandte Teilübereinstimmung im Rahmen einer Gehaltsverhandlung.

Beispiel: Teilübereinstimmungen in Gesprächen

Führungskraft: „Sie sind ein sehr wertvoller Mitarbeiter für mich, aber momentan sind mir leider für Gehaltserhöhungen die Hände gebunden." Mitarbeiter: „Ich finde das toll, dass Sie sagen, dass ich ein wertvoller Mitarbeiter bin und Sie auch offensichtlich mit meiner Arbeit zufrieden sind". Führungskraft: „Ja, das ist tatsächlich so." Mitarbeiter: „Für dieses Lob möchte ich mich bedanken. Es tut gut, das zu hören. Jetzt haben Sie ja gerade selbst gesagt, dass ich ein wertvoller Mitarbeiter bin und Sie zufrieden sind. Welche Möglichkeiten über eine Gehaltsanpassung hinaus hätten Sie denn, um mir entgegenzukommen?"

Der Dialog wurde natürlich aus didactischen Gründen gekürzt; dennoch ist er in einem Realfall exakt so abgelaufen mit der Ausnahme, dass das Referieren auf die Teilübereinstimmung im tatsächlichen Gespräch etwas später passiert ist. Fakt ist, dass wenn man sorgfältig auf Teilübereinstimmungen achtet und diese hervorhebt, man später im Gespräch wunderbar die festgezurrten Aussagen wiederum nutzen kann. Ihre nachfolgende Argumentation erleichtert sich und Sie können um einiges gelassener sprechen, wenn Sie sich darauf beziehen, dass „wir ja vorhin schon einig waren, dass XYZ sehr wichtig ist und deshalb müssen wir...". Darüber hinaus ist es immer wichtig, ein wie auch immer geartetes Entgegenkommen Ihres Gesprächspartners wertzuschätzen, um eine gute Gesprächsatmosphäre zu bewahren.

Vereinbarungen

Es ist erstaunlich zu sehen, wie viele Gespräche ohne konkrete Vereinbarungen enden. Man trennt sich oftmals in der festen Überzeugung, dass der andere schon verstanden hat, was zu tun und zu lassen ist.

Leider ist dies in der Realität meist nicht so und sorgt im Nachgang für eine verminderte Gelassenheit. Fassen Sie am Ende des Gesprächs noch einmal zusammen, wer was bis wann zu tun hat. Falls Sie Führungskraft sind, können Sie auch den Mitarbeiter bitten, dies aus seiner Sicht zusammenzufassen. Je konkreter und interpretationsfreier die Vereinbarung fixiert wird, desto wertvoller waren das Gespräch und Ihre Zeitinvestition. Falls Sie im Gespräch nicht weiter wissen, so erbitten Sie sich Bedenkzeit und vereinbaren einen Folgetermin.

Abkühlen

Gerade wenn das Gespräch etwas leidenschaftlicher geführt wurde, ist es sehr wichtig, darauf zu achten, dass sich beide wieder etwas abkühlen. Referieren Sie hierbei auf den Dialog des „Aufwärmens": „Und wann läufst du den nächsten Marathon?" könnte hier eine passende Anschlussfrage sein. Wichtig: Achten Sie darauf, dass Sie nicht mehr in den Gesprächsphasen zurückspringen und erneut inhaltlich argumentieren. Dies würde Ihren Gesprächspartner irritieren, da Sie ja bereits eine Vereinbarung getroffen haben. Es entsteht der Eindruck des „Nachtretens", der unbedingt vermieden werden muss. Das Gleiche gilt natürlich auch für Ihr Gegenüber. Falls ihr Gesprächspartner erneut inhaltlich argumentiert, so bleibt Ihnen die Technik des SEK, die ich weiter oben beschrieben habe: „Wir haben ja gerade die Vereinbarung getroffen, dass wir uns morgen gegen 14.00 Uhr zu diesem Thema nochmals zusammen setzen. Mein Eindruck jetzt ist, dass du erneut Argumente bringst und das irritiert mich. Lass uns bei morgen 14.00 Uhr bleiben und dann weitersprechen.".

Die „Wohlfühl"-Kommunikation wurde von mir deshalb so ausführlich beschrieben, da hier ein wesentlicher Schlüssel für Ihre Gelassenheit liegt. Wenn Sie die oben skizzierten Techniken einsetzen und nach und nach verinnerlichen, werden Sie viel gelassener werden. Zu Beginn rate ich Ihnen, sich auf das aktive Zuhören und „versteckte" Teilübereinstimmungen in Gesprächen zu konzentrieren. Zu Übungszwecken sollten Sie sich vornehmen, in jedem Gespräch ab heute mindestens einmal aktiv zuzuhören. Weshalb dies Ihre Gelassenheit nachhaltig steigern kann, zeigt ein letztes Beispiel:
Im Rahmen eines Kommunikationstrainings habe ich am ersten Tag oben dargestellte Kommunikationstechniken aufgezeigt und mit den Teilnehmern trainiert. Am Morgen des zweiten Tages frage ich die Teilnehmer immer, ob es noch offene Fragen aus Tag eins gibt bzw. ob

denn schon mal die eine oder andere Technik ausprobiert wurde (meistens müssen hierfür am Abend die jeweiligen Lebenspartner oder Freunde herhalten). Eine Teilnehmerin, die sich selbst als sehr impulsiv beschrieben hatte, sagte, dass sie am Vorabend aktiv zugehört hatte. Sie beschrieb, dass ihr Besuch vor der falschen Garage geparkt und ein erboster Nachbar daraufhin bei ihr geklingelt hatte. Dieser beschwerte sich lauthals, dass er seit einer Viertelstunde in der Kälte stehe und dass dies eine Unverschämtheit sei. Die Seminarteilnehmerin sagte, dass sie normalerweise die Viertelstunde angezweifelt hätte (da der Besuch tatsächlich erst fünf Minuten da war) und sich höchstwahrscheinlich ein Kanon aus gegenseitigem Anklagen und Beleidigungen ergeben hätte. Stattdessen nutzte sie die noch „frische" Technik des aktiven Zuhörens und sagte etwas wie: „Das kann ich sehr gut nachvollziehen, dass Sie sich geärgert haben. Da stehen Sie jetzt lange in der Kälte, können nicht losfahren und müssen erstmal suchen, wo der Parker steckt. Ich geben sofort Bescheid und mein Besuch parkt um!".

Sie können sich vorstellen, dass der erboste Nachbar wie Butter in der Sonne dahinschmolz. Er konnte bei soviel Verständnis seinen Ärger nicht mehr aufrechterhalten und entschuldigte sich stattdessen seinerseits für die Störung. Meine Teilnehmerin war völlig erstaunt, wie gut die Technik funktionierte und vor allem, was dies für einen Unterschied in puncto Gelassenheit bedeutete. Sie sagte selbst, dass das Gespräch normalerweise aufgrund ihrer Impulsivität in einem handfesten Konflikt geendet und dieser noch mindestens den ganzen Abend zu weiterem Ärger geführt hätte. So schätze meine Teilnehmerin es auch als sehr realistisch ein, dass direkt nach der Auseinandersetzung der Griff zum Telefonhörer erfolgt wäre und die beste Freundin einen Kurzabriss des vermeintlich unmöglichen Nachbarn erhalten hätte. Wie wir im Theoriekapitel dieses Buches gesehen haben, hätte sich meine Teilnehmerin nun jedoch erneut geärgert und zwar bei jedem Erzählen! Mittels des aktiven Zuhörens hatte sie jedoch einen angenehmen Abend und das Verhältnis zum Nachbarn war ebenfalls in Ordnung.
Üben Sie die Techniken der „Wohlfühl"-Kommunikation für nachhaltig mehr Gelassenheit!

Entscheidungen gelassen treffen

Das Treffen von Entscheidungen gehört zu den größten „Gelassenheitskillern" überhaupt. Die Mehrzahl der Menschen mit denen ich über dieses Thema diskutiert habe, fühlt sich je nach Schwere der zu treffenden Entscheidung blockiert bis gelähmt. Ein Grund hierfür ist sicherlich die kontinuierlich angestiegene Zahl der Optionen. Aus Amerika werden Fälle berichtet, dass arme Konsumenten vor dem Regal mit Frühstücksflocken in eine Art „Entscheidungsstarre" verfallen sind, weil die über 500 angebotenen Artikel für diese emotional nicht mehr zu bewältigen waren. Auch wenn man hierüber noch schmunzeln könnte, eines liegt auf der Hand: heutige Entscheidungen sind immer Entscheidungen unter Unsicherheit. Wir können schon lange nicht mehr alle möglichen Alternativen und potentielle Auswirkungen einer zu fällenden Entscheidung erkennen oder gar analysieren. Die Informationsflut hat uns sozusagen kalt erwischt. Je nach Persönlichkeitstyp führt dies natürlich zu unterschiedlichen Auswirkungen auf unsere Gelassenheit.

Wenn Sie sich einen Dauer-Typen in Extremausprägung vorstellen (vgl. „Ein pragmatisches (Ärger-) Persönlichkeitsmodell"), so liegt auf der Hand, dass dieser besondere Schwierigkeiten damit hat, eine nicht ausreichend fundierte Entscheidung zu fällen. Dies kann zu interessanten Exzessen führen: Bekannte von mir „müssen" beim Kauf von einfachsten Gebrauchsgegenständen des täglichen Lebens vorher einen genau definierten Ablauf von „Prüfinstrumentarien" absolvieren, bevor sie sich zum Erwerb eines Produkts entscheiden können. Beim Kauf eines neuen Handys werden bspw. sämtliche verfügbaren Testberichte und die einschlägige Literatur analysiert, bevor man dann dazu übergeht, die relevanten Internetpreis-Foren zu Rate zu ziehen. Für eine derartige Analyse können dann summa summarum schon einmal bis zu drei volle Arbeitstage an Zeit investiert werden.

Hier möchte ich nochmals auf das Konzept der Zieldienlichkeit zurückkommen: Falls jemand diese Analyse per se als spaßig und interessant erlebt, so ist der Prozess des Preis- und Produktvergleichs bereits zieldienlich und somit auch nicht Gelassenheit mindernd. Ich denke jedoch, dass in einer Vielzahl der Fälle ein anderes Motiv im Vordergrund steht: die Angst davor, eine falsche Entscheidung zu treffen. Man möchte hinterher nichts bereuen! Um dieser Angst vorzubeugen, sammelt man riesige Datenmengen, um hinterher auch wirklich belegen zu können, dass man alles getan hat. Eine treffende Bezeichnung für den Umgang mit den vielen Informationen und dem Druck, der wiederum hieraus entsteht, ist „Paralyse durch Analyse". Wir fühlen uns paralysiert und fallen ähnlich wie die amerikanischen Konsumenten vor dem Frühstücksflockenregal in Anbetracht der Unmengen von Daten in eine „Schockstarre".

In Organisationen gibt es natürlich einen ähnlichen Effekt: keine Entscheidung wird ohne vorheriges Einholen eines unabhängigen Gutachtens getroffen. Der „Verantwortungsdruck" wird hier an externe Experten/Gutachter weitergegeben, die versuchen, den Daten Herr zu werden.

Wenn wir also mit Entscheidungen gelassener umgehen möchten, so gilt es, Angst zu reduzieren und eine Methode an die Hand zu geben, die es ermöglicht, eine praktikable und möglichst „verobjektivierende" Eingrenzung der erreichbaren Daten vorzunehmen. Vor allem die Betriebswirtschaftslehre hat sich mit letzterem Anspruch intensiv beschäftigt.

Möglichkeiten und Grenzen von Entscheidungsmatrizen

Viele wünschen sich, eine möglichst objektive Entscheidung zu treffen und Gefühle als Entscheidungsbeeinflussung weitgehend auszuklammern. Im Rahmen unseres Theoriekapitels habe ich jedoch bereits meine Perspektive dargelegt, dass man Emotionen nicht verdammen darf: Sie geben lediglich ein wertvolles Signal dafür, dass etwas nicht stimmt und haben somit eine Ampelfunktion. Dennoch kann es für eine erste Orientierung im Entscheidungsprozess durchaus Sinn machen, eine Methodik zu nutzen, die vermeintlich objektiv ist. Aus der Betriebswirtschaftslehre kennen wir die sogenannten Entscheidungsmatrizen.

Stellen Sie sich vor, dass Ihnen zwei Jobangebote vorliegen und beide auf den ersten Blick ähnlich attraktiv für Sie sind. Bspw. können Sie nun frei auswählen zwischen einer Anstellung in Hamburg und einer in München. Sie selbst leben bisher in Frankfurt, so dass beide Alternativen eine räumliche Veränderung mit sich bringen würden. Wie also entscheiden? Wenn man nun der Methodik einer Entscheidungsmatrix folgt, so gilt es, möglichst alle Kriterien zu definieren, die einen Einfluss auf die Entscheidung haben. „Was ist mir wichtig?" muss letztlich gefragt und beantwortet werden. In Abbildung 8 habe ich einmal typische Kriterien wie Jahresgehalt, Lebenshaltungskosten, Kulturangebot etc. für einen neuen Arbeitsplatz zusammengestellt. Die Entscheidungsmatrix bringt nun diese Kriterien mit den Alternativen

(Hamburg vs. München) in Verbindung und zwingt den Entscheiden-
den dazu, die Kriterien bspw. auf einer Skala von 1-10 zu bewerten (1
entspricht sehr gering oder „schlecht / teuer" und 10 bedeutet sehr ausgeprägt oder sehr gut). Die nachfolgende Abbildung zeigt eine derartige
Matrix, die natürlich rein subjektiv je nach Entscheidendem ausfällt.

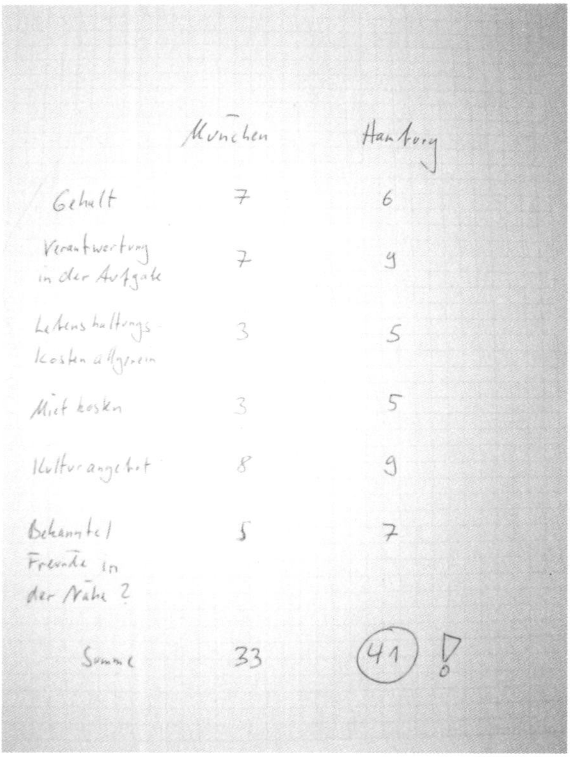

Abbildung 8: (fiktive) Entscheidungsmatrix

In diesem (fiktiven) Beispiel müsste der Entscheider also Hamburg
den Vorrang einräumen. Welche Probleme gibt es jedoch bei der der
Entscheidungsfindung per Matrix? Nun, zunächst könnte man sich ja
einmal fragen, ob alle Kriterien gleich wichtig sind. Oftmals ist dem
nicht so. Beispielsweise werden manche das Gehalt als wichtiger einstufen als die Kulturangebote. Hierfür ließe und lässt sich natürlich
noch Abhilfe schaffen, indem man Gewichtungsfaktoren einführt.
Wenn das Gehalt als wichtig(er) eingestuft wird, so kann der entsprechende Zahlenwert bspw. mit dem Faktor 1,3 multipliziert werden,
um genau diese Wichtigkeit auch in der Summe wiederzufinden.

Wie Sie sich jedoch vorstellen können, ist dieser Versuch der Objektivierung letztlich nur wiederum ein sehr subjektives Vorgehen. Man erhält am Ende einen pseudo-objektiven Wert, der im Extrem nur einen statistischen Flügelschlag von der Alternative entfernt liegt. Hätten Sie eine beruhigende Entscheidungsgrundlage, wenn der Unterschied zwischen Hamburg und München 0,7 Punkte beträgt?

Ein weiteres Problem bei Entscheidungsmatrizen ist die Auswahl der Kriterien. Hat man wirklich an alles gedacht? Es sind witzige Fälle bekannt, wo jemand bspw. eine sehr detaillierte Entscheidungsmatrix entworfen und seines Erachtens auch alle wesentlichen Kriterien berücksichtigt hat. In Hamburg angekommen, ist ihm dann aufgefallen, dass es dort relativ wenige Berge gibt und sein Hobby, das Skifahren, in München wohl besser zu pflegen gewesen wäre. Sicherlich haben Sie direkt bei der Betrachtung des obigen Bildes auch an andere oder für Sie „stimmigere" Kriterien gedacht.

Wie Sie sehen, kann die Methodik der Entscheidungsmatrix für sich allein genommen noch keine exzellente Entscheidung garantieren. Ich würde jedoch zumindest zur Überlegung raten, welche Kriterien denn entscheidungsrelevant sind. Die nachfolgende Technik hilft Ihnen hierbei.

Das innere Teilemodell

In welcher Regierungsform würden Sie gerne als „normaler" Bürger leben? Die allermeisten Teilnehmer, die ich mit dieser Frage konfrontiert habe, geben nach kurzer Überlegung die Demokratie an. Sie äußern hierbei jedoch auch Bedenken in dem Sinne, dass diese Regierungsform zwar nicht perfekt ist, jedoch die Schwächen von anderen Modellen vermeintlich am besten reduziert. Nach kurzer Analyse liegen die Vorteile der Demokratie auf der Hand: Man hat die Möglichkeit an Entscheidungen mitzuwirken und Minderheiten werden potentiell geschützt. „Man" hat also eine Stimme und darf diese auch äußern. Das Modell der Diktatur wurde dagegen von allen Teilnehmern bisher abgelehnt (außer natürlich man hätte selbst die Chance, Diktator zu spielen). Für den einfachen Bürger ist es demnach essentiell, seine Meinung äußern zu können und wenigstens die Chance zu haben, in den politischen Willensbildungsprozess eingreifen zu können.

Wenn wir jedoch Entscheidungen zu treffen haben, sind wir alle bestrebt, möglichst diktatorisch vorzugehen. Warum? Weil wir alle 100%ige Entscheidungen treffen möchten. Wir wollen absolut hinter der Entscheidung stehen und versuchen, eine Einstimmigkeit ohne Gegenworte zu realisieren. Dass dies nicht funktionieren kann, zeigen demokratische Wahlen. Während ich diese Zeilen tippe, vermelden Umfrageinstitute gerade ihre Hochrechnungen zum Ausgang der bayerischen Landtagswahlen. Erstmals gibt es wohl keine absolute Mehrheit für die CSU. Doch was bedeutet denn eine absolute Mehrheit in einer Demokratie? Nun eine Definition der absoluten Mehrheit bei Wahlen ist die, dass mehr als die Hälfte dessen, was möglich ist, erreicht wird. Ab einem Wahlergebnis von 50 % kann man also von einer absoluten Mehrheit sprechen. Nehmen wir einmal an, eine Partei hat 57 % der Stimmen erreicht. In einer Demokratie wäre dies, wie wir gerade gesehen haben, ein großer Erfolg. Doch was heißt das denn im Umkehrschluss? Man könnte sagen, dass 43 % der Wähler etwas anderes wollten oder salopp ausgedrückt: 43 % waren gegen diese Partei. Wie realistisch ist es aber dann, eine 100%ige Entscheidung zu fällen? Nun werden Sie vielleicht sagen, ich bin doch nicht mehrere! Ich bin eine Person und hier kann man ja wohl Einstimmigkeit verlangen! Die Realität sieht leider anders aus: Sie sind viele! Nicht nur zwei Herzen schlagen in Ihrer Brust, sondern je nach Entscheidung einige mehr. Das innere Teilemodell, das ich nun vorstellen werde, lässt Ihre unterschiedlichen inneren Stimmen laut werden.

Zur Verdeutlichung möchte ich meine eigenen Überlegungen bei der Entscheidung für oder gegen eine potentielle Selbstständigkeit nachzeichnen. Welche inneren Stimmen würden Sie hören?
Interessanterweise hat sich zunächst eine Kompetenzstimme bei mir gemeldet, also mein **Kompetenz-Thomas**. Dieser Thomas war schwer begeistert von der Idee, sich selbstständig zu machen. Er war der Ansicht, dass er das Zeug dazu hat und hat sich außerdem über all die Arbeiten beklagt, die man als angestellter Personalentwickler in Großkonzernen auch zu machen hat (Bürokratie, weitreichende Abstimmungsprozesse etc.). Da er wusste, dass das Feedback seiner direkten internen Kunden immer sehr gut war, wollte er sich zukünftig auch auf die Kunden konzentrieren. Ebenfalls freudig erregt präsentierte sich der **Freiheits-Thomas**. Dieser witterte die Chance, zukünftig seine Zeit frei einzuteilen. Schon lange war es für ihn eine Zumutung, für jeden Kurzurlaub und Arzttermin die schriftliche Erlaubnis der Organisation einholen zu müssen. Der einzige Wermutstropfen, den der Freiheits-Thomas verspürt hat, war, dass man in der Selbstständigkeit eventuell auch lange arbeiten muss und damit die Freiheit vermutlich

eingeschränkt sein könnte. Alles in allem waren diese beiden „Thomase" einer potentiellen Selbstständigkeit gegenüber jedoch sehr positiv eingestellt. Doch Sie ahnen es schon, mit dem **Sicherheits-Thomas** hat sich ein auch ein schwerer Bedenkenträger gemeldet. Dieser rief nochmals in Erinnerung, dass man ja einen krisensicheren Arbeitsplatz habe, der überdies auch noch sehr gut bezahlt wäre. Zudem hatten alle Thomase zusammen über die Zeit einen so hohen Effizienzgrad erreicht, dass die Aufgaben recht mühelos und ohne ständige Überstunden erledigt wurden. Kurz gesagt, der Sicherheits-Thomas rebellierte gegen die Selbstständigkeitsidee.

Nun haben wir mit Hilfe des Teilemodells drei wesentliche Stimmen identifiziert. Sie können sich natürlich vorstellen, dass es noch weitere Meinungen gab. Prüfen Sie an dieser Stelle doch einmal Ihr Teilemodell: Welche Stimmen würden sich bei Ihnen auf die Frage nach der Selbstständigkeit melden?

Doch zurück zu meiner damaligen Entscheidung. Was macht man nun, wenn zumindest eine innere Stimme gar nicht erfreut ist? Nun, es sollte das geschehen, was man von guten Politikern auch erwarten würde: eine konstruktive Debatte muss stattfinden. Diese Debatte sollte sich jedoch von dem unterscheiden, was wir tagtäglich von Politikern vorgelebt bekommen. Schauen Sie sich einmal eine beliebige Talkshow oder Bundestagsdebatten an und analysieren Sie, welche Motive die handelnden Personen haben. Sie werden feststellen, dass es zum allergrößten Teil darum geht, selbst gut dazustehen. Wie wird dies erreicht? Offensichtlich sind sich alle Politiker, egal aus welchem Lager in diesem Punkt recht einig, dass man den anderen blöd aussehen lassen muss. Aufwertung der eigenen Person funktioniert in ihren Augen offensichtlich nur durch Abwertung des Gesprächspartners. Was hier vergessen wird, ist, dass man so keine konstruktive Debatte führen kann und dass alle beteiligten Personen eigentlich ein anderes Ziel haben, nämlich eine gute, tragfähige Lösung für ganz Deutschland zu finden!

Wenn man diesen Stil auf das innere Teilemodell überträgt, dann würden der Kompetenz- und der Freiheits-Thomas eine Allianz gegen den Sicherheits-Thomas bilden und ihn verbal attackieren. „Du bist ja ein Angsthase, nie riskierst du was!" wäre sicherlich noch die harmloseste Anfeindung. Der Sicherheits-Thomas würde sich wehren und den anderen beiden Selbstüberschätzung und fehlende Bodenhaftung vorwerfen. Würden wir dann bei unserem Entscheidungsprozess weiterkommen? Sicherlich nicht! Die Lager würden sich weiter voneinander entfernen und neue Verbündete für den Kampf suchen.

Eine konstruktive Debatte funktioniert anders. Im Vordergrund muss die Frage stehen, wie man den Andersdenkenden ins Boot holen kann. Dies kann nur geschehen, wenn seine Bedenken gehört und behandelt werden. Im Falle des Sicherheits-Thomas muss also gefragt werden: „Was brauchst du, damit du die Entscheidung für die Selbstständigkeit mittragen kannst?"

In meinem Fall hat der Sicherheits-Thomas zwei Bedingungen gestellt. Zum einen wollte er finanzielle Rücklagen für ein Jahr vorliegen haben: Bei einem durchschnittlichen monatlichen Nettoaufwand von X Euro (Miete, Versicherungen, Verpflegung etc.) also diese Summe mal 12. Weiterhin verlangte mein „Sicherheits-Ich" noch, dass ich mich nach neun Monaten neu bewerben müsste, falls bis dahin kein Umsatz realisiert worden wäre bzw. man nicht den Breakeven des Kostentragens erreicht hätte. Falls diese beiden Bedingungen jedoch erfüllt wären, würde sich mein Sicherheits-Thomas auf das Abenteuer Selbstständigkeit einlassen. Da ich zu diesem Zeitpunkt nur Rücklagen für zehn Monate vorweisen konnte, galt es also wiederum eine kurze Verhandlung mit meinem Freiheits-Thomas zu führen, ob es für ihn in Ordnung wäre, noch solange angestellt weiterzuarbeiten, bis die „Jahres-Rücklage" realisiert wäre. Aufgrund der Tatsache, dass dieser dann bis zu neun Monaten Freizeit in Aussicht hatte, gab es von ihm keinen weiteren Widerstand.

Damit war die Entscheidung gefallen und diese erwies sich als ungeheuer befreiend. Man merkt einer Entscheidung an, ob alle wesentlichen inneren Stimmen gehört und beachtet wurden, oder nicht. Vielleicht kennen Sie dies aus Ihrem Bekanntenkreis: Jemand trifft einen spontanen Entschluss, der für andere wiederum kaum nachvollziehbar ist. Aussagen wie, „Das Fass ist übergelaufen" oder auch „Das war genug" flankieren die Entscheidung. Was ist hier passiert? Vermutlich wurde eine innere Stimme über lange Zeit hinweg unterdrückt und kam somit nicht zur Geltung. Die angestaute Energie bahnt sich dann unvermittelt einen Weg und die Stimme begeht sozusagen eine „Palastrevolution". Auf einmal übernimmt der unterdrückte Anteil die Vorherrschaft und zwingt das ganze System quasi per Staatsstreich in die Knie. Kennen Sie jemanden, der für alle unerwartet plötzlich gekündigt hat, ohne einen neuen Job in Aussicht zu haben? Ich gehe schwer davon aus, dass diese Spontanent-

scheidung gefällt wurde, weil eine einzige Stimme ein „Es reicht!"
geschrien hat. Spätestens am nächsten Morgen, wenn all das Adrenalin verbraucht ist, meldet sich dann eine noch sehr leise, aber penet-
rante Stimme (z. B. die Sicherheitsstimme) und fragt: „Bist du sicher,
dass das wirklich richtig war?

Sie sehen, es macht Sinn, konstruktive Debatten im eigenen „Bundestag" zu führen und zu versuchen, die unterschiedlichen persönlichen Bedarfe aufzudecken und zu behandeln. Ich rate Ihnen, auch
wenn keine Entscheidung ansteht, mindestens einmal im Monat
einen Rat der inneren Stimmen einzuberufen und nachzuforschen,
welche Stimme unterdrückt wurde und was man dagegen tun kann.
Sie werden feststellen, dass diese Analyse wesentlich zu Ihrer eigenen
Gelassenheit und darüber hinaus auch noch zu Ihrer seelischen und
körperlichen Gesundheit beiträgt.

> **Tipp: Rufen Sie einen regelmäßigen „Rat" Ihrer inneren Stimmen ein**
>
> Damit Sie sich in regelmäßigen Abständen mit Ihren Bedürf-
> nissen beschäftigen und Lösungen hierfür generieren lernen,
> rate ich Ihnen einmal im Monat eine kurze Analyse anzustel-
> len. Fragen Sie sich, welche Stimmen nicht oder unzurei-
> chend gehört wurden? Welche Unterdrückung liegt vor und
> wie kann man zukünftig dafür sorgen, dass der Bedarf zu-
> mindest teilweise gedeckt wir? Sie werden feststellen, dass
> es oftmals nur kleine Veränderungen sind, die große Auswir-
> kung auf Ihre Gelassenheit und Zufriedenheit haben.

Um schwerwiegende Entscheidungen wirklich ausgereift treffen zu
können, bedarf es noch einer weiteren Analyse: Es lohnt sich fünffach
über den Tellerrand zu schauen!

Vom Dilemma zum Pentalemma

Wir alle haben uns schon einmal zwischen zwei Wahlmöglichkeiten
hin- und hergerissen, also in einem Dilemma, gefühlt. Das deutsche
Wort für ein Dilemma ist Zwickmühle: Man sitzt zwischen den
Stühlen und weiß nicht genau, ob man das eine oder das andere
wählen soll.

Für viele Entscheidungsprozesse greift das Dilemma jedoch zu kurz;
dadurch dass wir lediglich die beiden uns als möglich erscheinenden
Optionen im Blick haben, übersehen wir weitere Lösungswege. Eine

Pentalemma-Betrachtung erweitert das Dilemma (griechisch für zweigliedrige Annahme) auf fünf (penta) Optionen. Wir haben als Entscheider also die Option, unseren Blickwinkel auf weitere Lösungsmöglichkeiten auszudehnen. Um welche fünf Positionen handelt es sich?

Zur Illustration möchte ich ein Beispiel anführen. Ein Coachee fragte sich, wie er zukünftig seinen Lebensunterhalt bestreiten solle. Zunächst sah er nur die Optionen, angestellt zu arbeiten oder den Weg in die Selbstständigkeit, was, wie wir bereits wissen, ein Dilemma darstellt. Damit alle Wahlmöglichkeiten zumindest potentiell durchgespielt werden können, sollte man nun eine Pentalemma-Analyse bemühen. Die folgende Abbildung zeigt die möglichen Perspektiven:

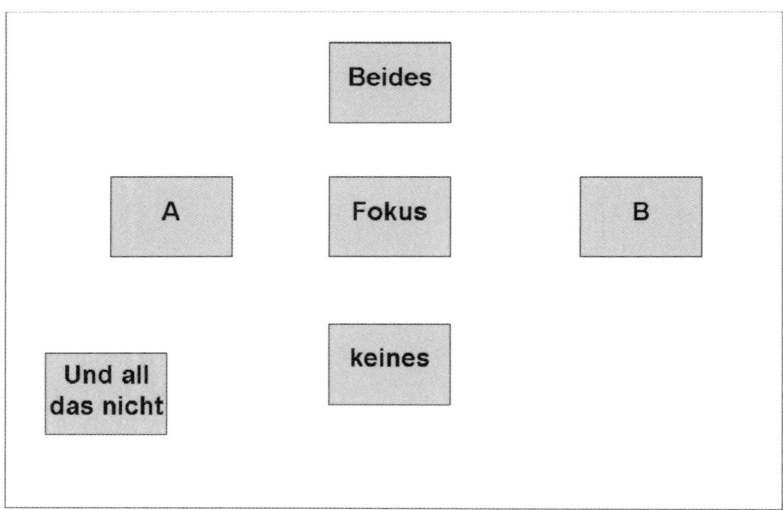

Abbildung 9: Pentalemma-Analyse

Sie können nun bei jeder beliebigen Entscheidung das Dilemma auf der horizontalen Achse abbilden. In unserem Beispiel könnte man A für die Entscheidung Selbstständigkeit und B für das weitere Verbleiben im Angestelltenstatus verstehen. In der Mitte sehen Sie einen Fokus. Dieser Fokus sind Sie selbst bzw. eine generelle Frage, die das Entscheidungsproblem generiert. Man könnte hier z. B. fragen: „Wie soll ich künftig meine Brötchen verdienen bzw. meinen Lebensunterhalt bestreiten?".

Diese Analyse bleibt jedoch nicht bei der Zwickmühle stehen, sondern erweitert das Spektrum der Lösungsmöglichkeiten (jedenfalls potentiell) noch um drei weitere. Die dritte Perspektive ist der Blick auf das „Sowohl-als-auch", das Sie in der Abbildung oben sehen und hier kurz „Beides" genannt wird. Die Pentalemma-Analyse fragt Sie also, ob Sie auch beides haben können. In unserem Beispiel ist bei einem meiner Coachees hier der Knoten bereits geplatzt. Er sah sich in der Zwickmühle zwischen der sicheren Anstellung und der unsicheren Selbstständigkeit und es gelang ihm nicht, den Blick über den Tellerrand zu bewegen. Das „Sowohl-als-auch" ermöglichte ihm bereits eine sehr elegante Zwischenlösung. Der Coachee reduzierte in der Nachfolge seine Arbeitszeit auf 60 %, was viele Großkonzerne heute anbieten, bevor sie einen wertvollen Mitarbeiter verlieren und konnte mit seiner restlichen Zeit ein Geschäft aufbauen. Diese risikoärmere Variante verlieh ihm ausreichend die Möglichkeit, sich auszuprobieren und festzustellen, ob er für die Selbstständigkeit „gemacht" war.

In seinem Falle hätte man die Pentalemma-Analyse also bereits im dritten Schritt abbrechen können. Lassen Sie uns zu Übungszwecken noch die beiden anderen Perspektiven durchspielen: Schritt vier fragt Sie nach einem „Weder-noch", in der Abbildung als „keins" abgekürzt. Welche Lösung könnte weder Selbstständigkeit noch Angestelltendasein noch eine Kombination von beidem sein? Nun, man könnte sich hier fragen, ob ein (eventuell kurzfristiges) Weder-noch eine weitere, wertvolle Option darstellt. Bspw. könnte der Coachee auch kündigen, um eine Umschulung anzugehen, die ihn seinem Traumjob näherbringt. An dieser Stelle sind der Kreativität jedoch keinerlei Grenzen gesetzt, wie die nächste (humorvoll gemeinte) Möglichkeit aufzeigt: Auch wenn es lustig klingt, um seinen Lebensunterhalt sicher zu stellen, könnte man ja auch überlegen, ob man reich heiraten will und kann. Falls der Coachee diese Option angestrebt hätte, wäre eine Golfclubmitgliedschaft als nächster Schritt zu überlegen gewesen, um potentielle Heiratskandidatinnen zu identifizieren. Sie sehen, die Pentalemma-Analyse regt dazu an, über den Tellerrand zu schauen und Optionen zumindest in Erwägung zu ziehen, die einem nicht sofort in den Sinn kommen.

Nun kommt noch die fünfte Perspektive dieser Analyse: das „Und-all-das-nicht". Diese Frage kann man sich erst stellen, wenn die vierte Lösung bereits festgelegt wurde, ansonsten unterscheidet sich diese Frage formell nicht vom „Weder-noch". Wenn wir aber die Umschulung oder das „Reich heiraten" als vierte Option festgelegt haben, können wir uns durchaus fragen, ob es noch eine Lösung gibt, die weder A noch B noch eine Kombination aus beiden noch Umschulung bzw. reich heiraten ist. Es handelt sich also um einen logischen „Neustart" der Überlegungen, der mit der Frage verbunden ist, ob es eventuell eine noch bessere Lösung gibt.

In unserem Gedankenspiel könnte der Coachee natürlich auch aussteigen, sein Sparguthaben z. B. auf ein Konto nach Thailand transferieren und darauf hoffen, dass seine Lebenserwartung und die finanziellen Reserven sich decken.

Sie sehen, auch wenn im Beispiel das Entscheidungsproblem bereits in Schritt drei gelöst war, dass es Sinn machen kann, über den Tellerrand zu blicken. Mittels dieser Analyse werden Sie quasi zu diesem Schritt gezwungen.

In einem abschließenden realen Praxisbeispiel möchte ich nun noch einmal alle Aspekte aus dem inneren Teilemodell und der Pentalemma-Analyse zusammenbringen, um Ihnen zu zeigen, wie sehr diese Techniken sich auf Ihre Gelassenheit auswirken können.

Während eines Führungstrainings konfrontierte mich ein Teilnehmer mit einer realen Entscheidungssituation, die ein Bekannter von ihm erleben musste. Dieser Bekannte war auch Führungskraft und ein Mitarbeiter von ihm hatte Selbstmord begangen. Im Abschiedsbrief hatte der Mitarbeiter massive Vorwürfe gegen seinen Chef erhoben und behauptet, dass dieser letztlich schuld sei. Der fiel aus allen Wolken als er hiervon erfuhr. Er war sich keiner Schuld bewusst, hatte den Mitarbeiter in seinen Augen gut behandelt. Er vermutete, dass psychische Störungen zu der Anschuldigung geführt hätten. Der Chef stand nun vor der Entscheidung, ob er zur Beerdigung seines Mitarbeiters gehen sollte oder nicht.

Nun, es handelt sich hierbei um eine für alle Beteiligten sehr belastende Situation. Stellen Sie sich für einen Moment vor, Sie wären der Chef. Würden Sie zur Beerdigung gehen oder nicht?

In einem ersten Analyseschritt rate ich Ihnen, einmal Ihr persönliches Teilemodell zu ergründen. Welche Stimmen melden sich nun zu Wort und was sagen diese? Verleihen Sie Ihnen ruhig einmal Namen, so wie ich es in meinem Beispiel auch getan habe (Kompetenz-Thomas, Freiheits-Thomas usw.). Die Auflösung meiner eigenen Analyse, falls ich der Chef wäre, platziere ich weiter unten. Aus didaktischen Gründen würde ich Ihnen nun raten, das Buch wegzulegen und erst dann weiter zu lesen, wenn Sie Ihre Stimmen analysiert und benannt haben.

Willkommen zurück. Ich weiß, dass es sich bei diesem Beispiel um keinen schönen Fall und keine leichte Entscheidung handelt. Bedenken Sie jedoch, dass dies tatsächlich passiert ist und eine Führungskraft in diesem Dilemma steckte. Oder war es sogar ein Pentalemma? Wir werden sehen. Doch bevor wir uns die Di- oder Pentalemma-Frage stellen, lassen Sie uns einmal eine Debatte im eigenen Bundestag anstellen.

Welche inneren Stimmen haben Sie identifiziert? Nun bei mir hätte sich zunächst einmal ein Sicherheits-Thomas gemeldet. Er hätte sicherlich davon abgeraten, zur Beerdigung zu gehen, da die Stimmung der Anwesenden meiner Person gegenüber zumindest nicht freundlich sein dürfte. Es wäre sogar eher anzunehmen, dass mir als quasi Schuldigem Ablehnung bis offene Aggression entgegen schlägt. Der Sicherheits-Thomas hätte darüber hinaus noch Unterstützung vom Pietäts-Thomas erhalten. Dieser wäre auch gegen ein Erscheinen bei der Beerdigung. Allerdings nicht unbedingt aus Sicherheitsgründen, sondern eher aus der Überlegung heraus, dass dieser Moment des Abschieds den Angehörigen gehört und sie nicht durch die Anwesenheit des potentiell „Schuldigen" von ihrer Trauerarbeit abgelenkt werden sollten. Der Pietäts-Thomas möchte hierbei nicht stören.

Dann gäbe es aber auch andere Stimmen, wie z. B. den Ich-möchte-es-richtig-stellen-Thomas. Er würde eher darauf drängen, mit den Angehörigen Kontakt aufzunehmen und die Angelegenheit zu klären. Es gäbe auch eine innere Stimme, die die Funktion der Führungskraft ansprechen würde. Der Führungs-Thomas würde sagen, dass man als Führungskraft Vorbild zu sein hat und es zu dieser Aufgabe gehört, präsent zu sein. Er würde also auch formell Abschied von seinem Mitarbeiter nehmen wollen. Last but not least, könnte ich mir auch einen Kondolenz-Thomas vorstellen, der ganz einfach sein Beileid ausdrücken möchte.

Eventuell haben Sie noch ganz andere Stimmen identifiziert als ich. Dies ist nicht nur normal, sondern es wäre eher erstaunlich, wenn dem nicht so wäre. Die weitergehende Analyse verläuft allerdings dann analog: Wenn man nun für sich die inneren Stimmen identifiziert hat, gilt es, diese in einen Dialog treten zu lassen. Die Kernfrage ist hier (noch) nicht, ob man zur Beerdigung gehen soll oder nicht. Die Frage muss lauten: „Was brauchst du, mein lieber Was-auch-immer-Thomas jetzt?". Der Kondolenz-Thomas möchte kondolieren. Der

Richtig-stellen-Thomas möchte seine Version der Geschichte erzählen usw. Die unterschiedlichen Bedarfe müssen also analysiert werden, um in Anschluss Möglichkeiten zu finden, wie diese auch gedeckt werden können.

Für mich selbst habe ich folgende Lösung gefunden: Ich würde einen Kondolenzbrief mit etwa dem folgenden Inhalt an die Angehörigen schicken: „Ich bedaure Ihren Verlust und möchte Ihnen hiermit mein Beileid aussprechen (Kondolenz-/Pietäts-Thomas). Ich würde mich freuen, wenn Sie mir im Rahmen eines persönlichen Gesprächs die Gelegenheit geben würden, meine Position darstellen zu können." (Richtig-stell-Thomas, Vorbild-Thomas).

Dieser Brief würde mehrere innere Stimmen ruhigstellen, weil ihre Bedarfe zunächst einmal adressiert wurden. Eventuell findet man im Rahmen eines Gesprächs auch noch Ansatzpunkte, weshalb diese Anklagen überhaupt erhoben wurden. Vielleicht wird bekannt, dass der Verstorbene in psychischer Behandlung war und somit auch der Ich-möchte-es-verstehen-Thomas eine Antwort erhält.

Bleibt nur noch die Frage, ob man zur Beerdigung gehen sollte, oder nicht. Hierfür nutzen wir unsere Pentalemma-Entscheidungshilfe. Ich habe ja schon angedeutet, dass die Zwickmühle, die die Führungskraft erlebt hat, vielleicht gar kein Dilemma (Gehe ich hin oder nicht?) ist. Betrachten wir doch einmal das Sowohl-als-auch: Können Sie sowohl zur Beerdigung gehen als auch nicht? Ja, das ist tatsächlich möglich. Sie können sich etwas abseits der Trauergemeinde aufhalten, z. B. bei einem Baum, so dass Sie nicht gesehen werden. Falls Sie danach gefragt werden, warum Sie nicht bei der Beerdigung waren, können Sie wahrheitsgemäß sagen, dass Sie da waren, aber die Angehörigen nicht stören wollten. Sie sind also sowohl da als auch nicht da!

Es ist offensichtlich, dass ein derartiger Fall nicht einfach ist und die reale Führungskraft sicherlich Nerven gekostet hat. Hätte der Chef jedoch sein inneres Teilemodell sowie die Pentalemma-Entscheidungshilfe genutzt, so wäre das Resultat eine vermeintlich optimale Entscheidung gewesen. Für eine wirkliche Gelassenheit sind die Rahmenbedingungen zwar zu belastend, er hätte die Entscheidung jedoch signifikant gelassener treffen können.

Ich denke, die grundlegende Idee ist deutlich geworden. Wenn Sie Entscheidungen treffen wollen oder müssen, ist es absolut notwendig, seine inneren Stimmen zu hören und die analysierten Bedarfe beim Entscheidungsprozess möglichst zu decken. Als Belohnung ernten Sie nicht nur eine Entscheidung, die Sie voran bringt, sondern eben auch eine tiefe Gelassenheit!

Wohlfühl-Übungen

Wir haben bereits einiges getan, damit es Ihnen besser geht! Zunächst einmal ist es wichtig zu erkennen und zu akzeptieren, dass Menschen unterschiedlich sind und agieren und dass sich dies auch prinzipiell positiv auf ein angestrebtes Ziel auswirkt. Das erste Kapitel dieses Buches hat Ihr Bewusstsein geschärft, dass unterschiedliche Typen ihre Berechtigung haben und dies für Sie als Individuum keine Bedrohung darstellt, sondern ganz in Gegenteil eine Bereicherung ist.

Die Gelassenheitsstrategien haben Ihnen zunächst wichtige Kommunikationstaktiken aufgezeigt, mit deren Hilfe Sie Ihre eigene und natürlich auch die Gelassenheit des Gegenübers enorm steigern können. Dieses Kapitel hat im Rahmen eines kleinen Exkurses auch erstmals den Wert des Selbstwerts thematisiert. Sie haben gesehen, dass einige Kommunikationstechniken wie z. B. das aktive Zuhören oder auch das SEK nur deshalb gut funktionieren, weil man es schafft, sich selbst kurz zurückzunehmen und die Aufmerksamkeit auf das Gegenüber zu lenken. Aus „Du bist doch ein Idiot!" wird dann „Ich höre, du hast dich geärgert. Was genau hat dich genervt?".

Viele meiner Seminarteilnehmer empfinden diesen Schritt als sehr schwierig auch wenn alle den möglichen Nutzen erkennen. Die Aussage „Das klappt bei mir nicht, weil ich mich eben einfach zu schnell aufrege.", kann ich so jedoch nicht stehen lassen; ich erinnere nochmals an meine „impulsive" Teilnehmerin, die es nach einem halben Tag Training bewundernswert geschafft hat ihren wütenden Nachbarn in den Griff zu bekommen. Wichtig ist, dass es Ihnen in der Situation gut geht und Sie über einen wichtigen Ruhepol verfügen: Ihr **Selbstbewusstsein.**

Meine Erfahrung zeigt, dass dieser Wert so enorm wichtig für Ihre Gelassenheit ist, dass wir uns hiermit noch eingehender beschäftigen müssen. Im Folgenden möchte ich Ihnen einige Wohlfühl-Übungen vorstellen, die Ihnen dabei helfen, Energie für die „Schlacht" zu sammeln. Es geht darum, dass Sie in Zeiten ohne große Gelassenheitsbeanspruchung Ihre Akkus aufladen, um für neue, Ärger auslösende Situationen gewappnet zu sein. Zentral ist hierbei Ihr Selbstwert.

Erlauben Sie mir noch ein Wort der Warnung: Gerade wenn Sie festgestellt haben, dass Sie über einen ausgeprägten Sei-stark-Antreiber verfügen oder eher ein Distanz-Typ sind, gibt es eine hohe Wahrscheinlichkeit, dass Sie dieses Kapitel überspringen. Das wäre sehr schade, weil Sie es besonders benötigen! Sei-stark-Menschen zeichnen sich ja gerade dadurch aus, dass Sie Hilfe eher ungern in Anspruch nehmen und generell der Auffassung sind, dass man „da durch muss". Gerade wenn es um die eigene Energie und eigene Ressourcen geht, ist diese Einstellung irreführend. Ich habe mit vielen Coachees gearbeitet, die den Glaubenssatz hatten, dass man als guter Manager oder Mitarbeiter die Zähne zusammenbeißen muss und bspw. seine Grippe im Büro auszukurieren hat. Abgesehen davon, dass Sie andere Kollegen anstecken, ist Ihnen mit dieser Haltung nicht wirklich gedient. Langfristig wird nicht nur Ihr Körper seinen Tribut fordern.

Ich habe einmal mit einer Führungskraft gearbeitet, die selbst für mich ein Vorbild an Gelassenheit war. Auf diese Haltung angesprochen, gab er an, dass er diese Einstellung nach seinem ersten Herzinfarkt entwickelt hatte. Die Führungskraft hatte die Krankheit als echten Warnschuss erlebt und sich im Anschluss gefragt, an welchen Stellen, die an ihn gestellten Anforderungen reduziert werden könnten. Da er die unterschiedlichsten Rollen sowohl beruflich als auch sozial wahrnahm (Manager, Projektleiter, Feuerwehrmann der freiwilligen Feuerwehr, Vereinsvorsitzender, Ehemann und Vater zweier Kinder usw.) gab es einiges, was man loslassen konnte. Nachdem er diese Rollen priorisiert hatte, gab er die am wenigsten wichtigen auf und erlebte einen signifikanten Zuwachs an Gelassenheit. Wichtig war, dass die Führungskraft den Herzinfarkt als Hinweis verstanden hatte, etwas ändern zu müssen. Wir werden diesen Fall im Kapitel „Entspannt mit der Zeit umgehen" noch eingehender analysieren.

Ich wünsche Ihnen, dass Sie keinen Herzinfarkt benötigen, um Ihre Lebenssituation zu überdenken und zu dem Schluss zu kommen, dass Sie und Ihre Ressourcen wichtig sind. Gönnen Sie sich die folgenden Techniken und Übungen, um Kraft zu tanken und Energie für kritische Situationen freizusetzen!

Das haben Sie schon alles erreicht!

Viele meiner Coachees aus dem Wirtschaftsleben haben und leben eine klare Wettbewerbsorientierung. Dies ist nachvollziehbar und auch zieldienlich im Businesskontext, wenn man vorankommen möchte.

Doch wie die Lotusblüte uns eindrucksvoll vorlebt, kommt es auf die Balance an. Ab einem gewissen Punkt wird ein Zuviel an Wettbewerbsorientierung eher zum Hindernis. Wenn man ein Ziel unbedingt erreichen möchte und muss, entsteht ein Druck, der für viele Menschen eher das Gegenteil bewirkt: Sie fühlen sich gelähmt und unfähig, die Anforderungen zu bewältigen. Eine wichtige Erkenntnis aus diesem Buch sollte sein, dass Sie wesentlich für Ihre Gelassenheit verantwortlich sind. Es gibt immer widrige Umstände, die Frage ist nur, wie Sie damit umgehen. Wenn Sie sich zusätzlich zu diesen Umständen selbst noch einem unmenschlichen Druck aussetzen, dann nutzen Sie Ihr Potential nicht eben optimal. Mein Eindruck ist der, dass viele an Ihrem eigenen Anspruch und an Vergleichen scheitern und hierbei immer wieder aus den Augen verlieren, was sie bereits erreicht haben. Für eine stärkere Gelassenheit ist es jedoch essentiell, das man das bereits Erreichte würdigt und auch schätzt.

Hierzu ein Beispiel aus einem Coaching. Ich habe einmal mit einem 30-jährigen Abteilungsleiter gearbeitet, der in seinen jungen Jahren bereits sehr viel erreicht hatte. Er schloss sein Studium überdurchschnittlich ab, sammelte nebenbei Praktika und Auslandsaufenthalte und war nun Führungskraft mit einer Führungsspanne von vier Teamleitern. Diese wiederum hatten disziplinarische Führung über zehn bis fünfzehn Mitarbeiter. Meines Erachtens hatte dieser Dreißigjährige bereits überdurchschnittlich viel erreicht für sein Alter. Mein Coachee sah dies ganz anders. Er verwies lediglich auf seinen Arbeitgeber (ein amerikanischer Konzern) und monierte, dass seine amerikanischen Kollegen aufgrund der kürzeren Studienzeiten und anderer Vorteile ja schon viel weiter wären.

Das mag sein. Nur klar ist auch, dass man immer jemanden findet, der weiter, begabter, einflussreicher oder hübscher ist. Mein Coachee hatte es versäumt, eine Vergleichsgruppe zu finden, die es tatsächlich erlaubt festzustellen, wo man steht. In der Psychologie spricht man hierbei von einem „Aufwärtsvergleich". Dieser Begriff meint, dass wir uns eher nach oben vergleichen, also mit Menschen, die bereits mehr erreicht haben als wir selbst. Motivational gesehen kann dies natürlich einen Kick geben, meistens führt es jedoch zum Gegenteil. Im Extrem fühlen wir uns schwach, unfähig und auch nutzlos. Mein Coachee hat durch das permanente Schielen auf amerikanische Jungmanager völlig aus den Augen verloren, was er im Vergleich zu deutschen Studienabgängern bereits erreicht hat und wie außergewöhnlich dies ist. Viele schließen in Deutschland im Alter von dreißig Jahren gerade einmal ihr Studium ab (vor allem, wenn Sie vorher Bundeswehr und eine Berufsausbildung absolviert haben) und sind als Berufsanfänger noch weit davon entfernt, eine Abteilung in einem Großkonzern zu leiten.

Wie Sie sich vorstellen können, sind derartige Vergleiche natürlich Gift für das eigene Selbstbewusstsein. Man erkennt gar nicht mehr, was man alles bereits geleistet hat und verliert sich in ständigen Vergleichen, was sein müsste. Damit Sie die Grundlage für ein Selbstbewusstsein legen, das notwenig ist, um die Techniken dieses Buches komplett anwenden zu können, sollten Sie sich nun auf das konzentrieren, was Sie bereits geleistet haben.

> **Tipp: Erstellen Sie eine Liste Ihrer Erfolge**
> Nutzen Sie die Gelegenheit, um aufzuschreiben, was Ihnen bereits gelungen ist. Was können Sie sehr gut und worauf dürfen Sie mit Recht stolz sein? Hierbei ist es egal, ob Sie „zu" lange oder vielleicht gar nicht studiert haben. Wichtig ist, was Sie erreicht haben, egal ob privat oder geschäftlich.

Wenn Sie realisieren, was Sie als Person ausmacht, dann werden Sie eine viel stärkere Ruhe empfinden. Es ist dann nicht mehr notwendig, jede Kritik sofort abperlen zu lassen. Sie sind Sie und Sie sind sich Ihrer Stärken bewusst. Wenn jemand Sie nun für einen Idioten hält, dann steht dem immer noch Ihre Wahrnehmung gegenüber. Ein anderer kann immer nur einen Ausschnitt bewerten, bspw. wie Sie präsentiert oder eine Excelliste erstellt haben. Machen Sie sich bewusst, dass Sie viel mehr sind als Ihre Arbeitsergebnisse und diese Sie als Mensch und Ihre Vergangenheit nicht oder nur sehr geringfügig verändern.

Ich höre einige Leser gerade sagen: „Das weiß ich doch alles, erzähl' mir etwas Neues!". Sie haben vollkommen Recht: Man weiß das, jedenfalls intellektuell gesehen, ist dies bekannt. Nur leider führt dieses Wissen in den allermeisten Fällen nicht zu einer anderen Haltung und anderem Verhalten. Man winkt ab und sagt sich, dass das schon klar ist, doch diese Liste mit Erfolgen, von der ich gesprochen habe, existiert in den wenigsten Haushalten. Mein Coachee wusste intellektuell gesehen auch, dass er schon außergewöhnliche Erfolge realisiert hatte. Dieses Wissen war allerdings zu abstrakt in seinem kognitiven „Hinterstübchen" gespeichert. Nur die tatsächliche Niederschrift öffnete seine Augen für die Leistung, die er bereits erbracht hatte. Ich rate Ihnen eindringlich, sich jetzt sofort hinzusetzen und diese Liste tatsächlich anzufertigen. Erlauben Sie sich selbst, stolz zu sein auf das, was Sie geleistet haben!

Um jedoch ein wirkliches Selbstbewusstsein entwickeln zu können, ist es darüber hinaus auch wichtig, sich zu fragen, was man denn weniger beherrscht, bzw. was einen weniger interessiert. Werden Sie sich so nach und nach über Ihre Stärken ebenso wie über Ihre Entwicklungspotentiale bewusst. Machen Sie sich aber auch klar, dass nicht jedes Entwicklungspotential auch entwickelt werden muss. Um wirklich erfolgreich und gelassen zu sein, ist es meines Erachtens wichtiger, auf die eigenen Stärken zu fokussieren und diese auszubauen.

Stellen Sie sich vor, Sie wären ein sehr guter Sprinter und Weitspringer. Auf der anderen Seite haben Sie einen wenig ausgeprägten Oberkörper und Wurf- sowie Ausdauerdisziplinen wären ein Gräuel für Sie. In vier Jahren würden Sie gerne an der Leichtathletik Olympiade teilnehmen. Würden Sie ernsthaft erwägen, als Zehnkämpfer zu starten? Vermutlich nicht, weil Sie einsehen würden, dass der Aufwand, in den Ausdauer- und Wurfdisziplinen an die Weltspitze aufzuschließen, in keinem Verhältnis dazu stünde, in den eigenen Kerndisziplinen einen bereits vorhandenen Abstand weiter auszubauen. Hier gibt es meines Erachtens klare Parallelen zur Welt der Wirtschaft. Viele meiner Coachees bauen unentwegt Kompetenzen aus, ohne sich jedoch zu fragen, was sie mit Hilfe dieser eigentlich erreichen möchten.

Werden Sie sich zunächst also darüber klar, was Ihre Ziele sind und wie Sie diese optimal erreichen können. Mit prüfendem Blick auf Ihre Erfolge-Liste, werden Sie feststellen, dass Sie bereits über viele Fähigkeiten verfügen und andere wiederum, die eventuell noch nicht vorhanden sind, weniger wichtig erscheinen als Sie vermuten.

Daneben gibt es allerdings noch weitere Analysetechniken und Methoden, die Ihre Gelassenheit und Zufriedenheit enorm steigern können. Aus meiner Erfahrung sind zwei Gefühlszustände darüber hinaus zentral für eine positive „Psychohygiene": **Dankbarkeit** und **Vergebung**.

Wenn wir anderen Menschen verzeihen oder tiefe Dankbarkeit empfinden, ist dies ein mentales Wellnessprogramm erster Güte! Probieren Sie es direkt aus: Überlegen Sie sich, wofür Sie dankbar sein können. Diese Übung sollten Sie täglich ausführen, am besten kurz vor dem Einschlafen. Sie werden innerhalb kürzester Zeit feststellen, wie Ihre

Sorgen beladenen Gedanken sich in positiver Richtung verändern und dies eine ganz neue Energie zur Folge hat. Finden Sie am Ende des Tages fünf Dinge, für die Sie dankbar sein können. Auch wenn es sich nur um Kleinigkeiten handelt, werden Sie sehr schnell das angenehme Gefühl wahrnehmen, dankbar sein zu dürfen.

Tipp: Wofür Sind Sie heute dankbar?
Denken Sie am Ende des Tages darüber nach, wofür Sie dankbar sein können. Finden Sie mindestens fünf Dinge, Anlässe oder Personen für die bzw. denen Sie dankbar am heutigen Tag sind.

Die Dankbarkeitsübung verschiebt unseren Fokus weg von den ewigen Selbstvorwürfen oder Überlegungen, was sein müsste, in Richtung einer positiven Bestandsaufnahme, im Sinne was ist.

Durchweg positive Emotionen werden auch von dem zweiten der Gefühlszustände, nämlich der Vergebung, begleitet. Sie werden feststellen, wenn es Ihnen gelingt, einem Menschen, der Ihnen bspw. Schaden zugefügt hat, zu vergeben, überkommt Sie ein ungeheures Gefühl der Zufriedenheit. Vielleicht haben Sie nach dem Ärger-Kapitel in diesem Buch schon einmal darüber nachgedacht, dass viele kritische Situationen aus Ihrer Vergangenheit nur entstanden sind, weil andere Menschen anders als Sie selbst sind. Dass diese jedoch über unterschiedliche Antreiber oder allgemein über eine unterschiedliche Persönlichkeit verfügen, bedeutet nicht, dass Sie oder eben der andere Recht haben, wie das Ärger-Kapitel gezeigt hat. Falls es Ihnen nun rückblickend gelingt, ein Stück weit Verständnis für die damalige Handlung des anderen zu entwickeln und Sie ihm nachträglich vergeben können, wird dies signifikante Auswirkungen auf Ihre Zufriedenheit haben. Hierfür müssen Sie gar nicht den anderen aufsuchen oder anrufen, auch wenn das natürlich die mutigste Form der Vergebung darstellt. Für den Anfang genügt es völlig, dass Sie an den anderen, der Sie verletzt hat, denken und ihm in Gedanken vergeben.

Auch wenn es seltsam klingt, handelt es sich bei dieser Übung um eine der wirkungsvollsten Methoden, um eine tiefe Gelassenheit und Zufriedenheit zu entwickeln. Sie erleben hier pure Psychohygiene!

Der Atem ist alles, was zählt

Je mehr uns die Gelassenheit verlässt, desto schneller wird der Atem. Dies ist eine biologische Realität. Im Umkehrschluss könnte man also sagen, dass eine Beherrschung des Atems eine direkte Auswirkung auf unsere Gelassenheit in sich trägt.

Für buddhistische Techniken ist der Atem immer schon zentral.

Warum ist der Atem so wichtig im Buddhismus? Nun, ein Buddhist würde sagen, dass wir nichts sind außer Atem. Wir leben bei jedem Einatmen und sterben beim Ausatmen. Vorher und nachher existiert nichts. Wir wissen also nie, ob dieser Atemzug der letzte ist. Von daher macht es auch Sinn, die Gedanken an das Morgen zu zügeln.

Viele Menschen, mit denen ich gearbeitet haben, schaffen es nicht oder nur sehr schwer am Abend loszulassen. Gedanken an das „Was wird morgen wieder sein?" beschäftigen sie und hindern sie daran, den erholsamen Schlaf zu bekommen, den sie so dringend benötigen. Doch dieses Morgen ist aus heutiger Sicht reine Illusion. Wie oft ist es Ihnen schon passiert, dass Sie sich furchtbare Sorgen gemacht haben, was alles passieren könnte und dann ist alles ganz gut gelaufen? „Keine Aufgabe ist so schwer wie die Angst vor ihr" sagt ein asiatisches Sprichwort. Weshalb machen wir uns dauernd Sorgen?

Buddhisten sprechen vom „geschwätzigen Affen" und meinen damit das sich fortwährend drehende Gedankenkarussell. Bis zu einem gewissen Punkt kann es ja zieldienlich sein, Überlegungen über mögliche Szenarien anzustellen, wie uns das Kapitel über Entscheidungsoptimierung gezeigt hat. Insofern sind Sorgen bis zu einem gewissen Grad auch gute „Wachmacher".

Ich spreche hier jedoch von den negativen Gedanken, die uns unvermittelt (häufig vor dem Einschlafen) überfallen und quälen. Doch was ist die Lösung, wie kann man den „geschwätzigen Affen" ruhigstellen? Eines ist klar, nicht denken funktioniert nicht! Sie werden feststellen, dass Sie dauernd an etwas denken und dass dieser Gedankenstrom auch nicht gestoppt werden kann. Er lässt sich jedoch fokussieren. So wie wir bereits bei vorheriger Übung unsere Gedanken positiv auf unsere Erfolge ausgerichtet haben, um aus den ständigen Selbstwert mindernden Aufwärtsvergleichen ausbrechen zu können, so kann es uns auch mit Hilfe einer sehr einfachen Technik möglich werden, den „geschwätzigen Affen" zur Ruhe zu bringen. Sie müssen lediglich von eins bis zehn zählen!

> **Tipp: Zählen und kommen Sie zur Ruhe!**
> Bei dieser Übung geht es darum von eins bis zehn zu zählen. Nicht mehr aber auch nicht weniger! Zählen Sie langsam bis zehn. Wann immer sich jedoch ein „störender" Gedanke des „geschwätzigen Affen" aufdrängt, starten Sie wieder bei eins! Sie werden sehen, dass die Strecke bis zehn sehr lange sein kann!

Probieren Sie sich diese einfache Meditationstechnik aus und Sie werden feststellen, dass es sehr angenehm sein kann, einmal Urlaub von dem sich permanent drehenden Gedankenkarussell zu machen.

Eine weitere, ebenfalls sehr wirksame Technik, um langfristig mehr Gelassenheit zu entwickeln ist die Beobachtung des eigenen Atems. Achten Sie auf Ihre Atmung, ohne diese jedoch zu beschleunigen oder zu verlangsamen. Betrachten Sie Ihre Atemzüge quasi aus der Beobachterperspektive und realisieren Sie dabei, dass Sie völlig im Augenblick sind und diesen erleben. Dass diese Übung eine enorme Wirkung auf Ihr Wohlbefinden haben kann, bestätige ich gerne aus eigener Erfahrung. Alle Techniken, die ich in diesem Buch anbiete, habe ich nicht nur meinen Teilnehmern bereits erfolgreich vermittelt, sondern natürlich auch am eigenen Leib ausprobiert. Bei vielen, normalerweise Stress auslösenden Situationen, von Beinahe-Verkehrsunfällen bis hin zu Karatewettkämpfen konnte ich bei mir selbst nach regelmäßigen Atemmeditationen signifikante Gelassenheitsunterschiede feststellen. Man erlebt sich in der Situation als sowohl distanzierter sowie auch konzentrierter und bleibt handlungsfähig. Dieses Phänomen beschreiben auch meine Coachees. Bereits nach wenigen Wochen des bewussten Atmens stellen sie fest, dass die ruhigere Atmung in der belastenden Situation (z. B. eine öffentliche Rede, eine Präsentation beim Kunden etc.) nicht mehr bewusst gesteuert werden muss, sondern quasi automatisch einsetzt. Offensichtlich hat sich bereits nach kurzer Übungszeit so etwas wie ein Körpergedächtnis entwickelt.

Da viele der in diesem Buch vorgestellten Übungen und Techniken hauptsächlich auf ein tiefer gehendes Verständnis und das Nutzen von Techniken abzielen und damit bevorzugt den Verstand ansprechen, halte ich das Einbeziehen Ihres Körpers für eine wesentliche Ergänzung und Vertiefung, um eine umfassende Gelassenheit zu erreichen. Insofern kann ich Ihnen die gerade beschriebene Atemmeditation nur empfehlen. Ein dreimaliges Üben pro Woche für jeweils ca. zehn Minuten reicht bereits aus, um die oben beschriebenen Effekte zu erzielen.

Natürlich gibt es noch viele weitere Übungen, wie Sie mehr Gelassenheit entwickeln können. Die von mir auf den letzten Seiten vorgestellten Techniken, bieten Ihnen einen guten Einstieg in die Materie und Sie können beim Üben herausfinden, ob und wie sehr Sie darauf ansprechen. Tipps für eine Vertiefung finden Sie in den Literaturhinweisen.

Typische Ärgersituationen und wie Sie damit umgehen

Auf unserer Reise zu mehr Gelassenheit ist hier ein guter Zeitpunkt, um sich neu zu orientieren. Wo stehen wir? Die erste Hälfte dieses Buches hat sich sehr stark mit Analysen und Theorien beschäftigt. Dies ist meines Erachtens auch unbedingt notwendig, weil Gelassenheit in kritischen Situationen einen großen Anspruch darstellt. Man muss sich seiner typischen Ärger-Muster und „Gelassenheitsfallen" zunächst einmal bewusst werden, um im zweiten Schritt in der Lage zu sein, diese Muster zu durchbrechen und die typischen Fallen zu umgehen. Was haben wir bisher als das größte Hindernis identifiziert?

Ich denke, es handelt sich um die eigenen Erwartungen und das Übertragen der eigenen Welt auf die des Gesprächspartners. Viele kritische Situationen entstehen überhaupt erst dadurch, dass man sein Gegenüber negativ einschätzt. Um dieses Denkmuster zu durchbrechen, haben wir uns sehr stark mit der Unterschiedlichkeit von Menschen beschäftigt und festgestellt, dass diese Unterschiedlichkeit nicht nur in Ordnung ist, sondern oftmals auch dazu beiträgt, dass wir am Ende ein besseres Ergebnis realisieren. Auf der Grundlage eines stärkeren Selbstbewusstseins ist es uns möglich, die eigenen Erwartungen ein Stück weit zurückzusetzen, um „näher" am anderen zu sein. Sowohl im Rahmen der Kommunikationstechniken als auch vieler Exkurse (z. B. Zirkularität), haben Sie erfahren, dass Sie selbst viel gelassener sein können, wenn Sie zunächst einmal Gelassenheit beim Gegenüber erreichen.

Doch auch Sie selbst sollten Beachtung finden: Gerade beim Fällen schwieriger Entscheidungen ist es zentral, die eigenen „Ichs" nicht nur anzuhören, sondern ihre Bedarfe auch zielorientiert zu decken.

Die nachfolgenden Kapitel beschäftigen sich mit typischen Ärgersituationen aus der Praxis und geben Ideen, wie man mit diesen umgehen kann. Hierfür werde ich immer wieder auf bereits etablierte Techniken und Theorien zurückkommen, so dass Sie das bereits Gelernte weiter vertiefen können. An der einen oder anderen Stelle werden wir aber auch neue Techniken kennen lernen, die in typischen Ärgersituationen eine Entlastung oder sogar eine Lösung bieten.

Kritisches Feedback optimal nutzen

„Ich mache ihm ein Angebot, das er nicht ablehnen kann!" Dieses klassische Filmzitat stammt aus dem Film „Der Pate" und wenn Don Corleone alias Marlon Brando oder seine Mafiakollegen dies ausspre-chen, ist klar, was gemeint ist: Sie überzeugen einen Gesprächspartner eindringlich davon, ihr Feedback besser anzunehmen. Im richtigen Leben hat man Gott sei Dank meistens die Wahl: Feedback ist hier als Geschenk aufzufassen und man kann sich entscheiden, ob man dieses Geschenk annehmen möchte oder nicht.

Die Grundausrichtung dieses Buches ist es, Sie mit mehr Gelassenheit zu versorgen. Von daher ist es auch bei kritischem Feedback zunächst wichtig, sich klar zu machen, wo Chancen aber auch Gefahren für Sie und Ihre Gelassenheit liegen. Bereits im Basiskapitel des Lotusblüten-prinzips habe ich die beiden (Extrem-)Maximen, „Alles annehmen" und „Alles abperlen lassen" beschrieben. Bei kritischem Feedback wird dieses Prinzip nun wieder zentral: Sie müssen lernen zu unterscheiden, welche wertvolle Information im Feedback verborgen liegt und wie Sie diese Information für Ihre bzw. die Weiterentwicklung Ihres Gegen-übers nutzen können. Auf der anderen Seite gilt es jedoch auch festzu-stellen, welche Informationen sich eher schädlich auf Sie und Ihre Gelassenheit auswirken könnten.

Dass (kritisches) Feedback jedoch nicht nur für den Feedback-Nehmer, sondern auch für denjenigen, der es ausspricht, oftmals ein Problem ist, zeigt folgende Beobachtung aus meiner beruflichen Pra-xis. Bei Teammoderationen werden unter den beteiligten Kollegen häufig Erwartungen und Wünsche ausgetauscht. Hin und wieder gibt es speziell einem Kollegen gegenüber, der beispielsweise durch unan-genehmen Körpergeruch auffällt, ein „peinliches" Feedback, das man ungern ausspricht. Im Kollegenkreis ist das Geruchsproblem allen bekannt, doch der Betroffene wird nicht angesprochen. Stattdessen finden die Gespräche hinter seinem Rücken statt. Warum ist dies so? Es ist uns oftmals schlicht peinlich, eine unbequeme Wahrheit zu ad-ressieren. Man befürchtet beispielsweise, dass der Feedback-Nehmer beleidigt reagiert und den Überbringer der schlechten Botschaft stell-vertretend „köpft". Im günstigsten Fall rechnet man damit, dass er nur beleidigt ist und die Beziehung ein wenig leidet.

Prüfen Sie sich einmal selbst: Wem würden Sie ein derartiges Feedback („Du riechst") geben, wenn Sie selbst hiervon nicht massiv betroffen wären? Würde es sich eher um einen guten Freund oder einen Bekannten handeln? Die allermeisten Menschen, die ich gesprochen habe, würden das Feedback eher einem guten Freund geben. Und dies hat auch einen Grund. Wenn wir schon den Energieaufwand einer potentiell peinlichen Situation auf uns nehmen, dann sollte dies auch „gerechtfertigt" sein und zwar in dem Sinne, dass sich dieser Aufwand entsprechend der Beziehungsstärke „lohnt". Eine enge Beziehung rechtfertigt mehr Aufwand als eine oberflächliche. In diesem Sinne ist das Feedback-Geben tatsächlich als Geschenk zu verstehen, weil der andere damit zumindest potentiell signalisiert, dass die Beziehung zu uns ein derartiges Öffnen rechtfertigt.

Zurück zu unserem „Stinker-Beispiel": Alle Kollegen hatten über ihn, aber nicht mit ihm gesprochen, nicht weil der Kollege ihnen nicht wichtig war, sondern weil sie definitiv nicht wussten, wie es optimal formuliert werden sollte. Der Aufwand überstieg also die vermuteten Kosten. Wenn man jedoch die Analyse der letzten Seiten verstanden hat, gibt es keine Befürchtungen mehr, wie und ob man Feedback geben soll: Es wird klar, dass man nur deshalb Feedback gibt, weil der andere einem wichtig ist. Ich habe zu folgender Formulierung angeregt: „Ich würde dir gerne Feedback geben, auch wenn mir das etwas peinlich ist. Aber gerade weil du mir wichtig bist, möchte ich es ansprechen. Mir ist aufgefallen, dass du riechst...".

Sie sehen, dass der Inhalt immer noch nicht „toll" für den Feedback-Nehmer ist, er jedoch erkennen wird, dass der Feedback-Geber es gut mit ihm meint und die Befürchtung, dass die Beziehung unter dem Feedback leiden könnte, eher haltlos ist. Aus meiner Erfahrung wird die Beziehung in derartigen Fällen sogar verstärkt, weil der (berechtigte) Eindruck entsteht, dass diese Person die einzige ist, die mit dem Betroffenen spricht, statt über ihn.

Nach diesen einleitenden Gedanken zum Feedback und der damit verbundenen Wertschätzung, sollten wir nun etwas „Struktur" in die Materie bringen, denn es wird immer Situationen geben, in denen wir gefordert sind, anderen ein kritisches Feedback zu geben. Daher gilt es ein paar Regeln beim Geben und Empfangen von Feedback zu beherzigen. Die folgende Abbildung zeigt diese.

Regeln für den Feedback-Geber

- Sprechen Sie konkrete Beobachtungen an (was war zu sehen, zu hören, etc.) und beschreiben Sie, wie es auf Sie gewirkt hat.
- Vermeiden Sie Wertungen (Du kannst halt nicht anders...).
- Nutzen Sie Ich-Formulierungen statt dem unpersönlichen „man" (also: Ich hatte den Eindruck...).
- Sprechen Sie zuerst das Positive an, dann das Optimierungspotential.

Regeln für den Feedback-Nehmer

- Nehmen Sie das Feedback an ohne zu kommentieren oder sich gar zu entschuldigen. Verständnisfragen sind nicht nur erlaubt, sondern unerlässlich!

Abbildung 10: Feedback-Regeln

Doch zunächst sollten wir uns nochmals vertiefend mit der Situation beschäftigen, wenn wir jemand anderem Feedback geben müssen oder sollten.

Das gelassene Geben von Feedback

Ich welchen Fällen macht es Sinn, Feedback auszusprechen?

Sie sollten die einfache Frage „Was passiert, wenn ich nicht eingreife?" nutzen. Überlegen Sie sich die vermutlichen Folgen, die aus einem Nicht-Handeln resultieren würden. Man muss sich verdeutlichen, dass die Entscheidung, keine Entscheidung treffen zu wollen, eine *massive* Entscheidung ist, die Auswirkungen hat. Wenn man eine ungünstige Situation über eine Zeit hinweg hinnimmt, wird es immer schwerer, diese noch zu kritisieren oder gar zu ändern. Fragen Sie sich also, ob es eventuell negative Folgen für Sie haben könnte, wenn Sie *nicht* eingreifen. Falls dem so ist, sollten Sie auf jeden Fall Feedback geben. Im vorangegangenen Beispiel wäre dies dann der Fall, wenn Sie selbst durch den Geruch belästigt gewesen wären. Ein weiterer guter Grund, jemandem ein Feedback zu geben, ist natürlich ein aufrichtiger Unterstützungswunsch. Falls Sie der Auffassung sind, dass sich ein anderer potentiell in Gefahr begibt oder für ihn Nachteile entstehen könnten, ist es auch angebracht, dies anzusprechen. Natürlich besteht die Gefahr, dass der andere das Feedback nicht annimmt. Dies ist jedoch eher akzeptabel, als rückblickend feststellen zu müssen, dass man etwas tun hätte können. Wenn Sie die folgenden Regeln für das Geben von Feedback befolgen, steigt jedoch die Wahrscheinlichkeit, dass dieses auch angenommen wird.

Wie uns das „Stinker"- Beispiel gezeigt hat, ist es sehr wichtig, sich klar zu machen, dass Feedback auf der Grundlage von Wertschätzung erfolgen sollte. Machen Sie dem anderen also deutlich, dass Sie Feedback geben, weil Ihnen der Gesprächspartner wichtig ist. Das Feedback sollte unbedingt konkret sein. Wir haben bereits im Exkurs zu den Kommunikationsbremsen festgestellt, dass verallgemeinernde Aussagen generell auf Ablehnung stoßen. Vielleicht haben Sie in Ihrem Berufsleben schon einmal im Rahmen eines Bewerbungsprozesses ein Assessment-Center absolviert. Ich habe diese Verfahren selbst schon sehr häufig konzipiert und durchgeführt. Von meinen Teilnehmern habe ich erfahren, dass Sie vor allem die Qualität des Feedbacks als sehr unterschiedlich wahrnehmen.

Stellen Sie sich vor, dass Sie am Ende eines derartigen Auswahlverfahrens die Rückmeldung bekommen, dass Sie „einfach kein analytisches Vermögen haben". Das musste sich einer meiner Teilnehmer einmal bei einem früheren Assessment-Center anhören. Die Aussage wurde auf der Grundlage des Ergebnisses eines Zahlen-Ergänzungs-Tests getätigt. Sie können sich sicher vorstellen, dass man ein derartiges Feedback mit großem Widerstand aufnehmen muss, eben weil es nicht konkret und sehr verallgemeinernd ist. Die Feedback-Geber machen sich in diesem Fall offensichtlich nicht klar, was sie eigentlich in einem Feedbackgespräch erreichen möchten. Der Teilnehmer sollte nämlich auch (und gerade) im Falle einer Ablehnung noch etwas „mitnehmen" und einen Nutzen in dem absolvierten Assessment-Center erkennen. Von daher ist es natürlich essentiell, dass man seine Beobachtungen und Testergebnisse möglichst offen legt und dem Teilnehmer erklärt, dass sich daraus zu viele Fragezeichen ergeben haben und die Beobachter daher kein Jobangebot unterbreiten können. Eine verallgemeinernde Rückmeldung zu fundamentalen Persönlichkeitseigenschaften oder auch allgemeinen Fähigkeiten ist jedoch schlicht unseriös und schadet nicht nur dem Ansehen dieses ansonsten sehr guten Diagnoseinstrumentes, sondern es werden reale Chancen auf eine Änderungsmöglichkeit beim Feedback-Nehmer vertan. Dies ist meines Erachtens eine traurige Vergeudung von Ressourcen.

Wenn Sie also Feedback geben, so achten Sie unbedingt darauf, dass dieses möglichst konkret ist und keine weitergehenden Wertungen erhält. Nutzen Sie die detaillierte Situationsbeschreibung, die Sie anhand des Kommunikationswerkzeugs SEK bereits geübt haben.

Darüber hinaus sollten Sie auch den Mut aufbringen, von sich selbst zu sprechen. Viele Feedback-Geber nutzen die „Man könnte dies so sehen"- Formulierung, um sich ein Stück weit aus der Verantwortung zu stehlen. Stehen Sie zu dem, was Sie zu sagen haben und benennen Sie die Dinge klar. „Diese Aktion wirkte auf mich sehr aggressiv" ist in diesem Sinne eine bessere Formulierung als „Man hätte denken können, dass du da ganz schön aggressiv reagiert hast". Dieser „Man" ist nicht im Raum und kann seine Beobachtung nicht vertiefen, Sie aber schon!

Damit das Feedback gut aufgenommen wird, hat es sich als vorteilhaft erwiesen, zunächst das Positive zu benennen. Leider sind wir Menschen schon aufgrund unserer Wahrnehmung auf das Negative bzw. Fehler fokussiert. Bei Beobachtertrainings unterziehe ich die Anwesenden gerne einem Test, bei dem fünf einfache Rechenergebnisse vorgestellt werden, verbunden mit der Frage, was auffällig ist. Eine dieser Rechnungen ist falsch. Bspw. steht an dritter Stelle der Liste die Addition 7+9 und das Ergebnis 15. Alle übrigen Berechnungen sind korrekt. Natürlich weisen die zukünftigen Assessment-Center-Beobachter darauf hin, dass diese Kalkulation fehlerhaft ist. Man hätte aber auch anmerken können, dass die übrigen vier (also 80 %) korrekt sind. Von daher erscheint es nur allzu menschlich, dass das Fehlerhafte ins Auge sticht.

Für das zielorientierte Geben von Feedback ist es jedoch sehr wichtig, dass Sie zunächst einmal darauf fokussieren, was der andere wirklich gut gemacht haben, weil sich damit insgesamt die Wahrscheinlichkeit erhöht, dass das Feedback angenommen werden kann und sich in der Folge die gewünschten positiven Effekte einstellen.

Das gelassene Nehmen von Feedback

Sie haben bereits gesehen, dass es überaus wichtig ist, konkretes Feedback zu geben. Von daher ist für Sie als Feedback-Nehmer die „goldene Regel" aus obiger Abbildung auch essentiell: Wenn das Feedback nicht konkret ist oder Ihres Erachtens aus Mutmaßungen besteht, haben Sie nicht nur das Recht, sondern im Sinne einer ausbalancierten Lotusblüten-Persönlichkeit sogar die Pflicht, nachzuhaken, um weitere Informationen zu erhalten. Verallgemeinerndes Feedback, das Sie nicht nachvollziehen können, birgt die große Gefahr, Ihre „Blütenblätter" zu verschmutzen und Sie nicht weiter zu bringen.

Dennoch sollten Sie sich auch vor Augen führen, dass kritisches Feedback ein „kostenfreies" Geschenk für die eigene Weiterentwicklung sein kann. Ich möchte dies anhand meiner Erfahrungen aus zahlreichen Bewerbungstrainings, Assessment-Centern und Auswahlgesprächen erläutern.

Die wahre Größe eines Bewerbers zeigt sich meines Erachtens im Umgang mit kritischem Feedback. Die allerwenigsten Kandidaten, die beispielsweise eine schriftliche Ablehnung erhalten, haken dann nochmals nach. Ich habe es jedoch gelegentlich erlebt und rate auch jedem Kandidaten dazu, dass er nochmals anruft, sich für das zügige (aber leider nicht positive) Feedback bedankt und nachfragt, ob er noch weitere Informationen erhalten könnte, die ihm eventuell weiterhelfen. Dies wirkt auf den Personalentscheider äußerst kompetent und hat auch schon dafür gesorgt, dass man sich die Akte ein zweites Mal anschaut.

Ein weiterer Anruf trotz erfolgter Ablehnung ist die optimale Art und Weise, mit der negativen Information umzugehen. Wenn man schon nicht das Jobangebot erhält, dann sollte man wenigstens versuchen noch Informationen darüber zu bekommen, woran es gehapert hat und daraus für die Zukunft lernen. Viele Bewerber sehen dies aber anders; sie schmollen sozusagen, weil man sie nicht haben wollte und vermeiden jede weitere potentiell Selbstwert mindernde Information. So schneiden sie sich aber auch vom Lernen ab. Die Bewerber können weiter an dem Gefühl, ungerecht behandelt worden zu sein, festhalten, ohne sich selbst fragen zu müssen „Was kann und sollte ich selbst eigentlich anders oder besser machen?".

Das Annehmen von kritischem Feedback sollte für Sie zunächst also immer mit dieser Frage verbunden sein: „Was ist dran und was kann ich lernen?". Dies können zunächst auch unschöne Informationen sein. Langfristig gesehen bleibt uns jedoch gar keine andere Möglichkeit als ein offenes Feedback, um uns weiterentwickeln zu können.

Tipp: Suchen Sie den Entwicklungshinweis
Hören Sie sich kritisches Feedback immer auch mit einem „Weiterentwicklungsohr" an. Welche Information(en) lassen sich aus dem Gesagten ziehen, die mir bei meiner zukünftigen Entwicklung von Nutzen sein können?

Die ausbalancierte Lotusblüten-Persönlichkeit weiß jedoch auch, dass nicht jede Sichtweise passend sein muss. Vielleicht verfolgt ihr Feedback-Geber ja andere Ziele als sie. Wie uns die Theoriekapitel dieses Buches gezeigt haben, gibt es a) kein Richtig oder Falsch und b) unterscheiden sich Menschen in ihren Antreibern und Zielen.

Diese Erkenntnis lässt sich natürlich auch auf das Feedback anwenden. Wenn Sie beispielsweise von einem Feedback-Geber, der einen ausgeprägten Streng-Dich-an-Antreiber hat, hören, dass „Sie mehr aus sich machen könnten", dann können und müssen Sie berechtigter Weise die Frage stellen, ob sich das gutgemeinte Feedback tatsächlich auf Sie bezieht, oder eher dessen individueller Persönlichkeitsstruktur entspringt. Wenn Sie mit Ihrer Situation nach entsprechender Analyse sehr zufrieden sind, dann können Sie natürlich das Feedback-Geschenk auch ablehnen. Zunächst einmal rate ich Ihnen jedoch, aufmerksam zuzuhören und sich tatsächlich zu fragen, ob es einen substantiellen Kern in der Rückmeldung gibt, der *Sie* tatsächlich betrifft oder betreffen könnte.

Nehmen wir ein anderes Beispiel: Ihr Chef gibt Ihnen die Rückmeldung, dass Sie sorgfältiger arbeiten sollten. Natürlich sollten Sie zunächst einmal klären, was er genau unter sorgfältiger versteht, was exakt gemeint ist. Dies ist der erste notwendige Schritt für das konstruktive Nutzen von Feedback. Wenn die Rückmeldung nun anhand von Beispielen deutlich geworden ist, sollten Sie für sich prüfen, ob es sich um eine substantielle Information handelt. Diese Prüfung erfolgt immer an den vorhandenen Zielen. Wie Sie bereits gesehen haben, gibt es kein Richtig oder Falsch. Stattdessen ist es nun wesentlich, dass Sie die Ziele in der vorliegenden Situation analysieren. Waren Sie genötigt, ein schnelles Ergebnis zu produzieren und sind unter diesen Rahmenbedingungen die „Sorgfaltsverfehlungen" eher gering? Oder liegt tatsächlich ein Fehler vor, der dramatische Auswirkungen haben könnte? Versuchen Sie dies objektiv zu prüfen, ohne Ihre eigenen oder die Antreiber des Chefs allzu sehr in den Vordergrund zu rücken. Prüfen Sie auf *Zieldienlichkeit* hin! Wenn Sie zu dem Ergebnis kommen, dass Ihr Verhalten zieldienlich war, dann besteht zunächst einmal keine „faktische" Notwendigkeit das Feedback anzunehmen. Dennoch bleibt das Feedback Ihres Chefs bestehen und Sie sollten sich schon fragen, wie sie ihm gegenüber zukünftig agieren. Ich möchte diese Unterscheidung zwischen „Ich bin O.K., mein Chef sieht das falsch" und „Er zwingt mich, das Feedback anzunehmen" nochmals an einer Coachingsituation festmachen.

Man kann Coachingsituationen nach mindestens zwei Anlässen unterscheiden. Zum einen gibt es Coachings, bei denen der zukünftige Coachee selbst Unterstützung sucht. Er hat ein Anliegen, sucht sich einen Coach und arbeitet mit ihm gemeinsam an möglichen Lösungen. Schwieriger ist erfahrungsgemäß der zweite Anlass: Aufgrund eines schlechten Feedbacks wird jemand zum Coach geschickt. Beispielsweise gibt die Führungskraft einem Mitarbeiter das Feedback, sich zukünftig besser durchsetzen zu müssen. Um diese Durchsetzungsfähigkeit zu lernen, wird dieser zum Coach geschickt. Wenn der Coach im Rahmen der Auftragsklärung einen guten Job macht, wird er bereits versuchen, dass allgemeine Feedback des Chefs zu konkretisieren. Beispielsweise wird er fragen, woran der Chef denn nach einem erfolgreichen Coaching feststellen würde, dass der Coachee sich besser durchsetzen kann, welche Handlungen ganz konkret darauf hindeuten würden.

Danach gilt es natürlich mit dem Coachee zu sprechen. Sehr häufig sieht dieser das „Problem" ganz anders gelagert. Auf das Feedback der fehlenden Durchsetzungsorientierung angesprochen, hört man da manchmal als Antwort „Offen gestanden, mein Chef brüllt gerne mal rum und das versteht er unter Durchsetzungsorientierung. Ich finde, dass ich mit meiner ruhigen Art viel mehr erreiche. Wenn ich also in diesem Coaching brüllen lernen soll, dann vergessen Sie es!".
Dieses Feedback ist offensichtlich beim Feedback-Nehmer nicht angekommen. Man könnte sogar fragen, ob das Feedback eher von den Antreibern des Chefs oder vom Veränderungspotential des Feedback-Nehmers dominiert wird. Es drängt sich zumindest die Vermutung auf, dass die allgemeine Persönlichkeit des Chefs eine große Rolle spielt und das Feedback nicht unbedingt auf Zieldienlichkeit hin geprüft wurde. So könnte der Feedback-Nehmer nach unserem Modell also die Rückmeldung ablehnen, oder nicht?

Nun, das Ablehnen würde eher der Maxime 1 (Abperlen lassen) unserer Lotusblüten-Persönlichkeit entsprechen und hätte vermutlich „Kosten". Der Feedback-Geber, in diesem Fall der Chef, würde sich wahrscheinlich nicht ernst genommen fühlen. Das Verhältnis zu ihm würde sich in der Folge eventuell verschlechtern, weil sein Ziel, nämlich das Verbessern der Durchsetzungsfähigkeit, nicht realisiert wird. Maxime 2 würde nun dazu führen, dass der Feedback-Nehmer zu „brüllen" anfinge, um es dem Chef Recht zu machen. Wir sehen also auch hier, dass ein ausbalanciertes Lotusblütenprinzip von Nöten ist.

Wie sieht nun, die Mitte zwischen unbedingtem Annehmen und klarem Ablehnen aus? Der Feedback-Nehmer sollte zunächst einmal seine inneren Stimmen befragen (vgl. das Kapitel „Entscheidungen gelassen treffen"): Wie viel an zur Schau getragener Durchsetzungsorientierung ist gerade noch in Ordnung? Wo liegen meine persönlichen Grenzen? Wie kann ich meinem Chef vermitteln, dass ich durchsetzungsorientierter handle, ohne wirklich „brüllen" zu müssen? Woran würde er ganz konkret feststellen, dass ich hier auf dem richtigen Weg bin?

Sie sehen anhand dieses Beispiels, dass es auch hier kein Schwarz oder Weiß gibt. Leider tendieren wir oftmals ausschließlich dazu, die Extreme zu sehen. Ich habe schon viele Coachees erlebt, die an diesem Punkt abblocken, da sie schlicht verweigert haben, sich zu „verbiegen". Jedoch besteht meines Erachtens ein großer Unterschied darin, ob wir uns „verbiegen" (Maxime 2: Ich mache alles, was man von mir verlangt), oder ob wir uns fragen, was strategisch Sinn macht, damit wir unsere inneren Stimmen nicht verleugnen, gleichzeitig aber auch nicht den (berechtigten) Anspruch, der an uns gestellt wurde, abweisen.

Weichen Sie die Extreme auf und finden Sie konstruktive Kompromisslösungen, wo immer dies sinnvoll erscheint. Wenn Sie nach sorgfältiger Prüfung jedoch zu dem Ergebnis kommen, dass Ihre inneren Stimmen kein Zugeständnis zulassen, dann ist es tatsächlich Zeit, zu gehen. Man kann sich nicht jede Situation oder „falschen" Anspruch schönreden. Es gibt einen sehr treffenden englischen Ausspruch hierzu: „Love it, change it or leave it". Man sollte eine Situation also lieben (im Sinne von Akzeptanz), verändern oder verlassen.

Viele Herausforderungen lassen sich mit Hilfe der Kommunikationstechniken, die bereits in diesem Buch vorgestellt wurden, meistern. Weiterhin hat Ihnen das Emotions- und Persönlichkeitskapitel ebenfalls Hilfen an die Hand gegeben, wie man mehr Verständnis für sein Gegenüber entwickeln kann. An einem gewissen Punkt angekommen, macht es jedoch auch durchaus Sinn, darüber nachzudenken, ob der gesetzte Rahmen akzeptabel und veränderbar ist. Das Kapitel „Handlungsfähig trotz Restriktionen!" vertieft diese Thematik noch. Sie werden feststellen, dass eine der besten Gelassenheitstechniken die ist, einen ungewünschten Zustand zu beenden! Bevor man diesen letzten Schritt jedoch erwägt, gibt es die bereits beschriebenen, nützlichen Schritte, die ich im folgenden Tipp nochmals zusammenfassen möchte.

Tipp: **Kritisches Feedback konstruktiv nutzen**

Nehmen Sie zunächst das Feedback dankbar an und stellen Sie, falls nötig, Präzisierungsfragen. Danach analysieren Sie die Ziele in der Situation und prüfen Ihre Handlungen auf Zieldienlichkeit. Bei Unsicherheit können Sie daneben noch Ihre vermutlichen Antreiber sowie die des Feedback-Gebers analysieren. Bei der Frage, wie Sie mit dem Feedback umgehen sollten, rufen Sie eine Konferenz der inneren Stimmen ein, um Kompromisslösungen zumindest möglich zu machen.

Gelassener Umgang mit Konflikten

„Es kann der Frömmste nicht in Frieden leben, wenn es dem bösen Nachbarn nicht gefällt". Dieses Zitat geht auf Friedrich von Schiller zurück, der es Wilhelm Tell aussprechen lässt. Obwohl der Text von 1804 stammt, wirkt diese Weisheit taufrisch und auf das tägliche Leben unvermindert anwendbar. Konflikte gehören in dieser Hinsicht immer noch zu den Top Ten der Gelassenheitskiller.

So ist es auch nicht verwunderlich, dass in meinen Beratungen und Trainings vorwiegend Konflikte als äußerst belastende und Ressourcen verbrauchende Situationen angeführt werden.

Im Folgenden möchte ich mit Ihnen gemeinsam analysieren, was Konflikte überhaupt sind bzw. welche Kriterien hierfür erfüllt sein müssen. Es wäre doch ärgerlich, wenn wir uns lange mit einem sogenannten Konflikt auseinandersetzen und dann hinterher feststellen müssen, dass es sich gar nicht um einen „echten" Konflikt handelte.
Weiterhin sollten Sie Kenntnisse über den möglichen Verlauf und die Gefahren von Konflikten erhalten. Last but not least werde ich konkrete Techniken ansprechen, wie Sie Konflikte lösen können und zwar aus zwei Perspektiven: zum einen natürlich, wenn Sie selbst betroffen sind. Darüber hinaus gibt es natürlich noch die Möglichkeit, dass Sie als „neutraler" Dritter gebeten werden, eine Schlichtung oder auch neudeutsch Meditation durchzuführen. Sie werden sehen, dass man hierfür keine aufwändigen Weiterbildungen besuchen muss, wenn man einige Rahmenbedingungen beherzigt. Willkommen in der Welt der Konflikte!

Kriterien für das Vorliegen eines Konflikts

Nur einmal angenommen, Sie streiten sich mit Ihrer Frau, wohin der Sommerurlaub dieses Jahr gehen soll. Ihre Frau will Strand und Meer, während Sie lieber in den Bergen wandern möchten. Liegt ein Konflikt vor? Theoretisch gesehen noch nicht. Ein Konflikt definiert sich über das Vorliegen von zwei Bedingungen: 1) Es liegen unterschiedliche Absichten bzw. Zielvorstellungen vor, die sich gegenseitig (zumindest potentiell) ausschließen oder behindern. Darüber hinaus muss es aber 2) noch Abhängigkeiten geben, damit man wirklich einen Konflikt feststellen kann. Die tatsächliche Analyse von Abhängigkeiten erweist sich in der Realität als äußerst wichtig.

Exkurs: Was ist ein Team?

Dieser Ratgeber richtet sich vorwiegend an Personen, die im Berufsleben mit kritischen Situationen konfrontiert werden. Von daher möchte ich mich nun einmal explizit an Führungskräfte und solche, die es werden wollen, wenden. Viele Chefs sind damit beschäftigt, ein funktionierendes Team aufzubauen und aufrecht zu erhalten. Nun ließe sich natürlich die Frage stellen, was ein Team überhaupt ist. Die Organigramme, die es in fast allen Organisationen gibt, bieten meistens keinen Aufschluss. Es handelt sich bei Team- oder Abteilungsbezeichnungen oftmals lediglich um den historisch gewachsenen Zusammenschluss von Mitarbeitern, die unter einem Namen zusammengefasst werden. Wenn man sich jedoch anschaut, welche Aufgaben die Mitglieder solcher Teams eigentlich erledigen, so könnte man oftmals zu dem Schluss kommen, dass man mit diesen Kollegen herzlich wenig zu tun hat. Es drängt sich eher der Eindruck auf, dass die eine oder andere Führungskraft noch mehr Mitarbeiter benötigte, um ihrem Anspruch gerecht zu werden, unabhängig davon, ob die Zusammenstellung der Teammitglieder inhaltlich nun Sinn macht oder nicht.

Wenn der Chef nun sein Team optimieren möchte, so stößt er schnell an Grenzen: Die Mitarbeiter sehen überhaupt nicht ein, weshalb sie mit den Kollegen als Team zusammenarbeiten sollen. In bestimmten Fällen ist dies auch nicht notwendig, ein Team definiert sich nämlich über ein (oder mehrere) gemeinsame(s) Ziel(e) und *Abhängigkeiten*. Wenn der eine Sachbearbeiter die Kunden A-D und sein Kollege die Kunden X-Z bearbeiten und beide beispielsweise keine gegenseitige Urlaubsvertretung machen, so liegt keine Abhängigkeit vor: es ist dem Kollegen A schlicht völlig egal, was Kollege B so anstellt, weil er von seinen Arbeitsergebnissen in keiner Weise abhängig ist. Ganz anders sieht dies dann aus, wenn beispielsweise das Backoffice dafür sorgen muss, dass der einzelne Vertriebsmitarbeiter seine Kundenverträge bekommt. Die beiden Mitarbeiter stehen in einem Abhängigkeitsverhältnis und haben auch ein gemeinsames Ziel, obwohl sie nicht dem gleichen Team angehören, sondern stattdessen sogar in unterschiedlichen Abteilungen arbeiten. Aus diesem Grund werden viele Teamentwicklungen heute auch über Abteilungsgrenzen hinweg mit den jeweils wichtigen Ansprechpartnern initiiert.

Zurück zu unserem Team! Wenn man also festgestellt hat, dass bestimmte Kollegen im eigentlichen Sinne kein Team sind, was kann man für sich als Führungskraft ableiten? Nun, es könnte sich eine gewisse Gelassenheit breit machen, was ihre Zusammenarbeit betrifft. Hierzu ein Beispiel aus dem Coaching.

Eine Führungskraft machte sich Sorgen, weil zwei ihrer Mitarbeiter nicht gut miteinander konnten. Sie gingen sich aus dem Weg und vermieden soweit es ging, miteinander zu kommunizieren. Ihr Chef machte sich also Gedanken, dass es seine Aufgabe sei, den Konflikt zwischen den Kollegen zu schlichten. Ich fragte, welche negativen Konsequenzen aus dem Verhalten der beiden denn für die Abteilung bestünden. Die Führungskraft stellte fest, dass es eigentlich keine Probleme gab, weil die beiden nur eine Schichtübergabe zu erledigen hatten und diese erstaunlicherweise trotz oder gerade wegen ihres gegenseitigen Vermeidens bisher immer sehr gut funktioniert hatte. Die beiden hatten eine effiziente Schriftform gefunden, die notwendigen Informationen bereitzustellen, ohne dass man miteinander reden musste.

Für die Führungskraft ist nun die Managementfrage wiederum essentiell: „Was passiert, wenn ich nicht eingreife?". Bisher hatte der Umstand, dass beide nicht miteinander sprechen möchten, offensichtlich keinerlei negative Konsequenzen auf die Abteilung. Würden allerdings Probleme auftreten, und sei es auch nur, dass die übrigen Teammitglieder durch die beiden „Streithähne" von ihrer Arbeit abgelenkt wären und somit schlechtere Leistungen erbringen würden, müsste die Führungskraft handeln. Da sich jedoch alles eingespielt hatte, bestand keine Notwendigkeit, die Beziehung der beiden Mitarbeiter zu klären. Tatsächlich bin ich der Auffassung, dass dies auch nicht Aufgabe der Führungskraft sein kann. Ob sich jemand mag oder nicht, unterliegt nicht der Verantwortung des Chefs. Dieser ist lediglich dafür verantwortlich, dass die Abteilung läuft und hier schien es keine Probleme zu geben. Die Führungskraft war nach dieser Analyse sehr erleichtert, weil es offensichtlich nichts zu tun gab; es galt lediglich weiter zu überprüfen, ob die Aufgaben weisungsgemäß erledigt wurden, was der Fall war.

Dieses Beispiel zeigt uns, dass wir manchmal unsere Energie in scheinbare Konflikte stecken, ohne dass dies wirklich von Nutzen wäre. Die Führungskraft hatte sich lange darüber Gedanken gemacht, wie die Situation zu lösen sei. Dass eine Lösung und der dafür notwendige Energieaufwand jedoch gar nicht notwendig sind, darauf kam sie nicht. Natürlich hat diese Analyse direkte Auswirkungen auf unsere Gelassenheit. Man kann sich auch vereinfacht fragen: „In welchen Krieg ziehe ich und was kann ich hierbei gewinnen?".

Zurück zu dem „Streit" mit Ihrer Frau über das nächste Urlaubsziel. Zunächst einmal kann man tatsächlich unterschiedliche Absichten feststellen, die sich in der Zielerreichung gegenseitig (zumindest potentiell) behindern. Somit können wir die erste Bedingung für einen Konflikt als erfüllt ansehen. Was ist jedoch mit der zweiten Voraussetzung? Wir erinnern uns: Es liegt nur dann ein Konflikt vor, wenn es Abhängigkeiten gibt. In diesem Fall lautet die Kernfrage: „Müssen oder wollen wir diesen Urlaub gemeinsam verbringen?"

Wenn man nun feststellt, dass man gemeinsam in Urlaub fahren möchte, erst dann liegen die beiden notwendigen Kriterien für das Vorhandensein eines Konflikts vor! Sie sehen, es ist ganz schön schwierig einen Konflikt zu „basteln", man muss auf einiges achten.

In der Realität ist mein Eindruck, dass unterschiedliche Auffassungen bereits häufig als Konflikt angesehen werden. Da streiten sich Menschen über verschiedene Meinungen, als ob ihr Leben davon abhinge. In Wirklichkeit könnte man oft die Einigung finden „We agree to disagree". Dieser englische Ausdruck bedeutet soviel wie „Wir einigen uns darauf, uns nicht einig zu sein". Welche eine gelassene Haltung!

Weshalb aber diese Vehemenz, wenn man sich genauso gut aus der Diskussion nehmen könnte, ohne dass eigene Ziele in Gefahr sind? Ich denke, an dieser Stelle können wir wiederum das Theoriekapitel nutzen. Menschen argumentieren deshalb so erregt, auch wenn gar kein Konflikt vorliegt, weil sie denken, dass *sie* Recht haben und der andere dies einfach verstehen muss. Aus Unkenntnis der Idee, dass es gar kein Richtig oder Falsch gibt, macht dies sogar Sinn: Sie wollen den anderen vor einem Fehler bewahren. Dass der Gesprächspartner jedoch eventuell andere Ziele verfolgt und deshalb seine Handlung für ihn genau richtig, weil zieldienlich, ist, wird nicht wahrgenommen.

Tipp: Prüfen Sie das Vorhandensein von Konflikten
Bevor Sie in erhitzte Diskussionen einsteigen, sollten Sie beide Strukturbedingungen für Konflikte prüfen: Haben wir unterschiedliche Ziele bzw. Absichten und bestehen zwischen uns Abhängigkeiten insofern, als dass die Zielerreichung des anderen meine eigene verhindert oder zumindest reduziert? Falls Sie feststellen, dass die zweite Anforderung nicht vorliegt, sollten Sie nochmals genau Ihre eigenen Ziele reflektieren. Geht es nur darum, Recht zu haben und zu behalten? Dann sparen Sie Ihre Energie für echte Konflikte und einigen sich darauf, sich nicht einig zu sein.

Sie haben gesehen, dass auch im (scheinbaren) Konfliktfall eine vorherige Analyse der Situation ein wesentliches Gelassenheitswerkzeug darstellt. Es lohnt sich immer, zu prüfen, ob man in einen „Krieg" zieht und welche Chancen auf einen „Sieg" bestehen.

Lassen Sie uns jetzt analysieren, wie Konflikte ablaufen, bzw. welche typischen Konfliktphasen- und Lösungsmöglichkeiten bestehen.

Ablauf und Lösungsmöglichkeiten von Konflikten

Stellen Sie sich vor, Sie wären ein Pfleger im Altenheim. Zufällig bemerken Sie, dass zwei ältere Damen in der Küche einen Streit um die letzte verbliebene Zitrone haben. Mit Ihrer Kenntnis um das Wesen eines Konflikts analysieren Sie messerscharf, dass die beiden Strukturbedingungen für Konflikte erfüllt sind: Beide wollen die letzte Zitrone und es gibt eine gegenseitige Abhängigkeit. Welche Möglichkeit(en) haben Sie nun, um den Konflikt zu schlichten?

Die meisten Teilnehmer in meinen Seminaren schlagen vor, die Zitrone zu teilen. Dies würde einem Kompromiss entsprechen. Doch lassen Sie uns einmal gemeinsam entdecken, welche Möglichkeiten man ganz allgemein hat, Konflikte zu lösen. Die nachfolgende Abbildung bringt zwei Dimensionen der Konfliktlösung zueinander. Auf der horizontalen Achse finden Sie den Ausprägungsgrad, inwiefern die Bedürfnisse des anderen berücksichtigt werden. Die vertikale Achse zeigt auf, wie sehr man seine eigenen Bedürfnisse achtet und verfolgt.

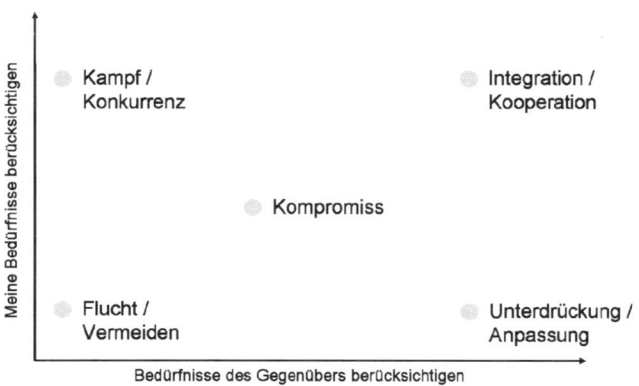

Abbildung 11: Stile der Konfliktbewältigung

Flucht / Vermeidung

Diese Konfliktbewältigungsform beschreibt ein Verhalten, bei dem weder der eine noch der andere Gesprächspartner seine Bedürfnisse realisiert. Beide geben auf bzw. ziehen sich aus dem Konflikt zurück. In unserem Zitronen-Beispiel würden beide Damen eventuell aus Angst, einen offenen Streit zu erleben, ihr Ziel aufgeben und aus der Situation flüchten. Doch es gibt auch einen potentiellen Vorteil dieses Verhaltens: Wird man bereits als „Konflikthai" angesehen, der keinen Konflikt auslässt, kann man mittels dieser Vorgehensweise signalisieren, dass man nicht immer kämpfen muss. Darüber hinaus kann man auch einmal Energie sparen, weil jeder Kampf mit einem Energieaufwand verbunden ist. Auch hier zeigt sich erneut, dass es kein Richtig oder Falsch gibt, sondern dass alle Optionen auf das Erreichen bestimmter Ziele hin geprüft werden müssen.

Kampf / Konkurrenz

Beim Kampf es geht darum, die eigenen Bedürfnisse maximal zu befriedigen, während die Bedürfnisse des anderen keine Rolle spielen. Man versucht sich durchzusetzen, auch auf die Gefahr hin, dass man diesen Kampf verliert. In unserem Urlaubsbeispiel könnte also einer der Eheleute feststellen, dass er oder sie ja eigentlich das Geld nach Hause bringt und daher den legitimen Anspruch darauf hat, festzusetzen, wo der Urlaub stattfindet. Im Businessalltag kann man dieses Verhalten bei Führungskräften beobachten, wenn sie am Ende ihrer Argumentationsfähigkeiten oder ihrem Diskussionswillen eine Entscheidung treffen, die ihre formale Befehlsgewalt widerspiegelt. „Wir machen das jetzt so, Ende der Diskussion!" hört man in diesem Fall oft. Der Vorteil ist natürlich der, dass man, eine entsprechende Macht vorausgesetzt, zu schnellen Ergebnissen kommt. Der andere wird sich je nach eigener Kräfteauffassung „fügen" und man hat zumindest ein Ergebnis erreicht. Zunächst einmal. Weiterhin ist der Kampf natürlich auch notwendig, wenn man der sicheren Überzeugung ist, dass der bisherige Plan zu schwerwiegenden, inakzeptablen Folgen führen würde. Dies führt uns jedoch auch zu den Schwächen dieser Lösungsform: Neben einem relativ hohen Energieeinsatz (ggf. Drohen, Schreien) kann die langfristige Wirksamkeit der Lösung auch angezweifelt werden. Selbst wenn der andere in der Situation nachgegeben hat, so ist der Vorfall sicher nicht vergessen. „Besiegte" warten auf ihre Gelegenheit, um sich zu revanchieren. Im Geschäftsleben gibt es vielfältige Möglichkeiten für einen Mitarbeiter, der vom Chef rüde gebremst wurde, es diesem heimzuzahlen. So können frustrierte Mitarbeiter beispielsweise Projekte halbherzig bearbeiten, an die Wand fahren lassen, schlechte Stimmung im Kollegenkreis verbreiten oder krank feiern. Der Fantasie sind hier keine Grenzen gesetzt.

Kompromiss

Ein Kompromiss liegt immer dann vor, wenn sowohl die eigenen als auch die fremden Bedürfnisse zum Teil befriedigt werden. Die meisten meiner Teilnehmer raten im Zitronen-Beispiel zu einem Kompromiss. Sie schlagen vor, dass die Zitrone in zwei Teile geschnitten wird und jede alte Dame eine Hälfte erhält.

Auf den ersten Blick wirkt diese Konfliktlöseart verführerisch: Beide sehen, dass die andere auch nicht mehr bekommt und sind deshalb vermutlich ruhiggestellt. Außerdem handelt es sich um eine recht schnelle Art, den Konflikt (oberflächlich) zu lösen. Im Deutschen haben wir den schönen Ausdruck „fauler Kompromiss", den wir manchmal benutzen und sehr wohl ahnen, dass die realisierte Lösung nicht für die Ewigkeit ist. Tatsächlich sind beide Parteien zunächst einmal zufrieden gestellt, das eigentliche Bedürfnis ist jedoch nicht gedeckt.

Nehmen wir erneut den Urlaubskonflikt als Beispiel. Natürlich könnten sich beide auf einen Kompromiss einigen, z. B. eine Städtereise statt Strand oder Berge. Auch wenn beide sich dazu entschieden hätten, passiert es leider sehr häufig, dass dann einer der Eheleute im Urlaub seufzt und halblaut darüber nachdenkt, dass es doch in den Bergen oder am Strand viel schöner gewesen wäre. Das ursprüngliche Bedürfnis wurde nicht gedeckt und drängt in einem gewissen Zeitabstand wieder an die Oberfläche.

Unterdrückung / Anpassung

Natürlich gibt es auch die Möglichkeit nachzugeben. „Dann fahren wir halt an den Strand, wenn es dir so wichtig ist." wäre die Unterdrückungsantwort im Urlaubsbeispiel. Der „Anpasser" unterdrückt seine Bedürfnisse und passt die Lösung vollständig an die Bedürfnisse seines Partners an. Der Vorteil ist natürlich der, dass er schnell „Ruhe" hat und nicht mehr Energie investieren muss. Darüber hinaus hat er auf lange Sicht „etwas gut" bei seinem Gegenüber, denn er kann bei der nächsten Urlaubsplanung damit auftrumpfen, dass „er ja das letzte Mal schon nachgegeben hat". Als Nachteil kann man sicherlich die

Gefahr feststellen, dass die eigenen Bedürfnisse auf Dauer zu stark vernachlässigt werden.

Integration / Kooperation

Hätte unser Pfleger im Zitronenkonflikt doch nur Fragen gestellt! „Wofür benötigen Sie die Zitrone?" wäre beispielsweise eine sehr gute Frage, die man an beide Damen richten muss. Falls dies geschehen wäre, hätte die eine vielleicht gesagt, dass sie einen Kuchen backen möchte und daher die Schale benötigt. Die andere wiederum wollte die Zitrone möglicherweise essen. In diesem Fall wird es also offensichtlich, dass der vermeintliche Kompromiss als Win-win-Lösung eher beide zu Verlierern macht. Die Damen hätten deutlich mehr erreichen können als die Halbierung der Zitrusfrucht.

Im Rahmen der Konfliktlösungstechniken werde ich nochmals detailliert aufzeigen, wie man eine derartige Integration erreichen kann. Doch zuvor betrachten wir noch die Vor- und Nachteile dieser Lösungsart. Wie bereits gesehen, ist ein enormer Vorteil, dass beide das erhalten, was sie wollten. Die Bedürfnisse der Konfliktparteien werden maximal gedeckt, es gibt keinen weiteren Grund für einen Konflikt und ein weitergehender Groll gegen den anderen ist äußerst unwahrscheinlich. Die Beziehung der beiden ist zunächst einmal stabil. Als Nachteil der Integration ist lediglich zu nennen, dass sie zeitintensiv ist bzw. sein kann. Wenn Sie unter einem starken Zeitdruck stehen und Ergebnisse gefordert sind, da anderenfalls schwerwiegende Konsequenzen zu erwarten wären, kann man manchmal nicht integrativ arbeiten. Bei einer derartigen Konstellation kann ein Kompromiss genauso wie ein strategisches „Einlenken" (Unterdrückung) oder auch der Kampf zieldienlicher sein.

Nachdem Sie nun die möglichen Konfliktlösearten kennen gelernt haben, wäre dies ein guter Zeitpunkt, Ihren bisherigen bevorzugten Stil zu identifizieren. Sie werden feststellen, dass jeder von uns eine bestimmte Präferenz hat, Konflikte zu lösen. In dieser Analyse steckt erneut sehr viel Potential, weil die Erkenntnis „Ihrer" Art Ihnen die Möglichkeit gibt, zukünftig eventuell einmal einen anderen Lösungsstil auszuprobieren. Dies macht natürlich nur Sinn, wenn Sie vermuten, dass sich anhand dieses Lösungsstils ein bestimmtes angestrebtes Ziel besser realisieren lässt. Wie bereits angesprochen kann bspw. Anpassung eine sehr zieldienliche Methode für „Konflikthaie" sein, um einmal einen Konflikt auszulassen, damit die Beziehung zum anderen wieder zu „regenerieren" und eventuell die strategische Vorbereitung für einen späteren Konflikt zu legen. Für Menschen, die eher zur Anpassung neigen, kann die Erkenntnis dazu führen, ihre eigenen Bedürfnisse ernster zu nehmen und zukünftig stärker zu vertreten (bspw. durch eine Ich-Botschaft, vgl. die Kommunikationstechniken).

> **Tipp: Analysieren Sie Ihre bevorzugte Konfliktlöseart**
> Denken Sie an frühere Konflikte zurück, mit denen Sie konfrontiert waren. Wie wurde dieser Konflikt gelöst, was war Ihre bevorzugte Art? Tragen Sie Ihren Standort gerne in Abbildung 11 ein. Überlegen Sie sich, ob es eventuell zieldienlich sein könnte, beim nächsten Konflikt einmal eine andere Lösungsart auszuprobieren. Für welche konkreten Ziele wäre dies geeignet?

Konkrete Konfliktlösungstechniken

Sie haben nun erfahren, in welchem Stil man Konflikte angehen kann. Um Sie jedoch zu lösen, bedarf es noch einer weiteren Erkenntnis. Vom rein sachlichen Aspekt her, stellen Konflikte oftmals keine Herausforderung dar. Es ließe sich vermutlich eine schnelle Lösung finden, die beide Parteien zufriedenstellen würde. Das oftmals weitaus größere Problem ist, dass die Beziehungsebene zwischen den Konfliktparteien gestört ist. Wenn bspw. erst einmal Beleidigungen geäußert wurden, fällt es sehr schwer eine Lösung zu akzeptieren, die von der Partei ausgesprochen wurde, die eben nicht wertschätzend mit einem umgegangen ist. Zentral beim Lösen von Konflikten ist somit auch, dass man den jeweils anderen wertschätzend behandelt und auf eine konstruktive Beziehungsebene achtet.

Wir haben auch gesehen, dass das Finden einer integrativen Lösung trotz der Nachteile wie bspw. einem höheren Zeit- und Energieaufwand, langfristig gesehen große Vorteile bietet. Wie sollte man also vorgehen, wenn man eine Kooperation anstrebt? Im Folgenden möchte ich zwei Herangehensweisen unterscheiden: Konfliktlösung aus der Rolle als Konfliktbeteiligter und als neutraler Mediator.

Konfliktlösung als Beteiligter

Wenn Sie Beteiligter in einem Konflikt sind, geht es zunächst darum, den Konfliktpartner in seinen Bemühungen Wert zu schätzen. Auch wenn es schwer fällt, so hilft ein möglicher Perspektivwechsel, wie ihn die ersten einhundert Seiten dieses Buches vorgeschlagen haben, zu analysieren, welche Bedürfnisse der andere verfolgt und weshalb. Sprechen Sie Verständnis und Wertschätzung aus, damit die notwendige Beziehungsgrundlage für das konstruktive Lösen eines Konfliktes nicht in Gefahr gerät.

Darüber hinaus ist es außerordentlich wichtig, dass Sie Ihren „Basisanspruch" für sich identifizieren. Wir werden im nächsten Kapitel, „Verhandeln ohne Reue" noch viel tiefer in diese Materie eintauchen. Im Moment ist es für Sie wesentlich zu realisieren, dass wir weder bei Verhandlungen noch beim Lösen von Konflikten in einem integrativen Sinne, jemals mit festgefahrenen *Positionen* arbeiten. Eine derartige Position wäre die Aussage „Das ist meine Zitrone". Diese Aussage lässt nur Gewinner oder Verlierer zu, die einzigen Lösungswege sind demnach Kampf oder Anpassung. Die Frage, die Sie sich stellen müssen, ist: „Was ist mein Basisanspruch?".

Kehren wir zurück zu unserem Urlaubsbeispiel. Was ist der Basisanspruch des Ehemanns, wenn er von Bergen spricht? Hat er eine konkrete Vorstellung, bspw. dass er nach Salbach in Österreich möchte? Dieser Anspruch wäre mit einer Position vergleichbar. Wenn es unbedingt Salbach sein muss und seine Frau unbedingt nach Mallorca möchte und es keinen weiteren Basisanspruch gibt, so sind die Möglichkeiten für eine integrative Konfliktlösung begrenzt, es wird auf Anpassung bzw. Kampf hinauslaufen.

Wenn es jedoch auch etwas weniger absolut geht, was wichtig ist, stehen wiederum viele Möglichkeiten offen. Der Ehemann möchte in den Bergen wandern: Geht es ihm eher um das Wandern oder die Berge? Was möchte er ganz konkret im Urlaub erleben, einmal abgesehen von der Position Salbach? Die gleiche Frage sollte natürlich auch an die Ehefrau adressiert sein: „Was ist dir wichtig im Urlaub?". Eventuell möchte sie ja lediglich einen Badeurlaub erleben, bei dem man sich sonnen und schwimmen gehen kann. Vielleicht dient das Meer ja nur, um diese Idee zu umschreiben. Falls das Meer verzichtbar wäre, würden sich schon wunderbare Kooperationsideen ergeben. So könnte man sich überlegen, ob man an einem der großen Seen in den Bergen einen Urlaub verbringt, bei dem man die Tage zwischen Badespass und Wandern aufteilt.

All diesen Lösungen ist jedoch eines gemein: Man sollte sich selbst fragen, was es abseits von festgefahrenen Positionen ist, das man gerne erreichen möchte!

> **Tipp: Vorgehensweise für integrative Konfliktlösungen**
> Sorgen Sie für eine wertschätzende Atmosphäre und fragen Sie sich selbst, was Ihr Basisanspruch ist. Das gleiche gilt für Ihren Gesprächspartner. Versuchen Sie im gleichen Zuge herauszufinden, was für ihn essentiell ist. Wenn Sie eine Lösung herausarbeiten können, bei der zumindest die Basisansprüche abgedeckt werden, sind Sie einen großen Schritt weiter in Richtung einer integrativen Lösung!

Konfliktlösungen als Mediator

Wenn Sie als neutraler „Dritter" gebeten werden einen Konflikt zu schlichten oder Sie diese Aufgabe als Führungskraft in Ihrem Team übernehmen möchten, so sind die bisher genannten Fakten ebenfalls bedeutsam.

Darüber hinaus ist es sogar noch wichtiger, dass sie den unterschiedlichen Ansichten äußerst neutral begegnen. Selbst wenn Sie eher zu einer Seite der Konfliktparteien tendieren, ist es absolut essentiell, dass Sie dies nicht zeigen. Als guter Konfliktschlichter müssen Sie möglichst neutral sein, so dass jede der Parteien ihre Wertschätzung erhält. Dies bedeutet natürlich nicht, dass Sie Ihren eigenen Bedarf aus den Augen verlieren sollten. Zunächst einmal sollten Sie sich als Führungskraft fragen, was sozusagen nicht verhandelbar ist und dies auch benennen. Selbst wenn sich beide Mitarbeiter auf eine Lösung einigen und damit ihr Konflikt gelöst wäre, ist dies natürlich nicht akzeptabel, wenn das Ergebnis Ihren Bedürfnissen oder Rahmenbedingungen als Führungskraft widerspricht. Nachdem Sie jedoch Ihren Bedarf (als Basisanforderung) deutlich gemacht haben, beginnt eine neue Runde des Konfliktlösungsprozesses. Hierbei ist es erneut außerordentlich wichtig, dass die Konfliktparteien ernst genommen und ihre Bedarfe gehört werden. Eine essentielle Technik stellt das aktive Zuhören dar, das Sie bereits kennen gelernt haben. Fragen Sie nach, wie etwas verstanden wurde bzw. wie es bei den Konfliktparteien ankommt. Wechseln Sie die Perspektive und fragen Sie auch den anderen Konfliktpartner, ob er nachvollziehen kann, was sein Gegenüber bewegt. Nutzen Sie auch unbedingt die Technik der Teilübereinstimmung, die Sie im Rahmen der typischen Gesprächsphasen kennen gelernt haben. Aber vor allem: Halten Sie sich selbst zurück und bleiben Sie neutral! Wenn eine der Parteien zu glauben meint, dass Sie parteiisch für die jeweils andere sind, liegt eine konstruktive Einigung in weiter Ferne! Wenn es sich um Mitarbeiter von Ihnen handelt, werden diese zwar „die Kröte schlucken" und einer vermeintlichen Lösung zustimmen, ob diese jedoch tatsächlich umgesetzt wird, ist ungewiss.

Tipp: **Tipps für Mediatoren**
Bleiben Sie neutral. Hören Sie sich aufmerksam die Verärgerung und die Bedarfe der Konfliktparteien an! Falls Sie eine eigene Sicht haben und diese eventuell eine starke Sympathie für eine der beteiligten Personen suggeriert, müssen Sie sich unbedingt „raushalten". Die angestrebte Lösung ist nicht Ihre Lösung! Nutzen Sie die Technik des aktiven Zuhörens und der Teilübereinstimmung, um einen gemeinsamen Basisbedarf der beteiligten Parteien herauszuarbeiten. Wenn eine Lösung gefunden wurde, holen Sie Commitment von allen Beteiligten ein.

Wie Sie sehen können, lassen sich Konflikte durchaus lösen, wenn man die zentralen Punkte beachtet: an allererster Stelle steht das Thema Wertschätzung! Wenn Sie über längere Zeit einen schwelenden Konflikt mit einer Person haben und Sie der Auffassung sind, dass dies Ihre Ziele oder einfach nur die Beziehung bedroht, dann sollten Sie unabhängig von der auslösenden Situation das Gespräch suchen. Prüfen Sie vorher, ob und wie Sie sich gegenüber dieser Person nicht wertschätzend verhalten haben und bringen Sie die Beziehung in Ordnung, auch wenn dies bedeuten sollte, dass Sie sich für ein „unpassendes" Verhalten entschuldigen müssten.

Verhandeln ohne Reue

Sie werde feststellen, dass eine gelassene Verhandlungstaktik viel mit dem gemein hat, was wir bereits erarbeitet haben. Die größte inhaltliche Nähe besteht zu dem vorherigen Kapitel: Wenn Sie eine Grundidee davon haben, wie man Konflikte lösen kann, sind Sie auf einem guten Weg zum exzellenten Verhandlungsführer.

Darüber hinaus gilt es aber auch, die unterschiedlichen Persönlichkeitstypen, die wir zu Beginn des Buches kennen gelernt haben, zu berücksichtigen. Natürlich macht es einen großen Unterschied, ob Sie mit einem Nähe- oder Distanz-Typen verhandeln, wie Sie sich vorstellen können. Vieles von dem, was ich über die hohe Kunst des Verhandelns gelernt habe, geht auf Deutschlands Top-Verhandlungsexperten Matthias Schranner, zurück. Der ehemalige Kommissar bietet nach langen Jahren der Arbeit „Undercover" und des erfolgreichen Verhandelns bspw. bei Geiselnahmen, seine Kompetenz nun als Verhandlungstrainer in der Wirtschaft an. Ich hatte das große Vergnügen, ihn im Rahmen von Trainings und Beratungen mehrere Male live zu erleben und mich mit ihm auszutauschen und kann seine Bücher zur Vertiefung dieses Kapitels nur wärmstens empfehlen.

Zu Beginn beschäftigen wir uns mit der „Natur" des Verhandelns und hier ist es wichtig, die Verhandlung von anderen Techniken theoretisch zu unterscheiden und Verhandlungsspielregeln zu etablieren.

Danach aktivieren wir noch einmal kurz das bereits vorgestellte Persönlichkeitsmodell: Sie werden feststellen, dass Sie sowohl die eigene als auch die Persönlichkeit des Verhandlungspartners verstehen müssen, um zielorientiert verhandeln zu können.

Abschließen möchte ich dieses Kapitel mit konkreten Beispielen und Techniken, die dazu beitragen, dass Sie zukünftige Verhandlungen gelassen und ohne Reue durchführen können.

Die „Natur" von Verhandlungen

Was ist die „Natur" einer Verhandlung? Ähnlich wie bei Konflikten liegen auch hier zumindest potentiell unterschiedliche Absichten bzw. Interessen vor. Verschiedene Parteien versuchen nun, diese Interessen im Rahmen eines (meist) friedlichen Austauschs in Einklang zu bringen, um ein bestimmtes Ziel zu erreichen. Bei Verhandlungen geht man im Gegensatz zu „Befehlen" davon aus, dass die „Machtmittel" relativ gleich verteilt sind, das bedeutet, dass alle Parteien über eine ähnliche bzw. gleiche Anzahl an „wünschenswerten" Alternativen verfügen. Strenggenommen handelt es sich bei einer Gehaltsverhandlung mit Ihrem Chef also nicht um eine „Verhandlung", da dieser im Zweifel mehr Alternativen oder eben „Positionsmacht" hat als Sie. Ihr Machtmittel wäre im Extrem der Entzug Ihrer Arbeitskraft, also die Kündigung.

Wichtig ist es, festzuhalten, dass es bei Verhandlungen die Möglichkeit gibt, diese *abzubrechen*. Man muss sich also nicht dazu zwingen lassen, eine bestimmte Lösung zu akzeptieren, wenn diese einem wie auch immer gearteten Mindestanspruch nicht gerecht wird. Wir werden auf diesen Mindestanspruch noch zurückkommen.

Eine sehr wichtige Grundhaltung beim Verhandeln sollten wir nun näher betrachten. Lassen Sie uns dazu in den Gebrauchswagensektor wechseln.

Haben Sie schon einmal ein Auto verkauft? Ich gehe davon aus, dass dem so war. Nehmen wie einmal an, Sie wollen Ihren alten VW Golf an den Mann oder die Frau bringen. Natürlich möchten Sie ungefähr wissen, was der Wagen wert ist und bemühen nun das Internet. Nach Konsultation der Schwacke-Liste, verlangen Sie als Orientierung einen Preis von 2.500 Euro. Ein Interessent meldet sich bei Ihnen, fährt das Auto probe und legt 2.500 Euro auf den Küchentisch. Der Kauf ist perfekt. Haben Sie ein gutes Geschäft gemacht?

Ja, eigentlich schon, sie wollten ja gar nicht mehr und der Kaufpreis scheint angemessen. Ich garantiere Ihnen, dass bereits in dem Moment, in dem der Käufer mit Ihrem Ex-Golf wegfährt, erste Zweifel entstehen werden. Ihr Partner wird diese Zweifel wahrscheinlich aussprechen: „Schatz, hast du den Golf verkauft? Ja. Was wolltest du noch einmal? 2.500 Euro. Und was hat er gezahlt? 2.500 Euro! (lange Denkpause) Hm, ich glaube, da wäre mehr drin gewesen. Wahrscheinlich war der Preis zu niedrig angesetzt!" Dem Käufer geht es aber vermutlich auch nicht viel besser, wenn er nach Hause kommt: „Schatz, hast du ein Auto gekauft? Ja. Was hast du bezahlt? 2.500 Euro. Und was wollte der Verkäufer ursprünglich? 2.500 Euro. (kurze Denkpause) Wieso hast du nicht verhandelt?".

Sie sehen, beide haben in den Augen ihrer Umwelt nicht „richtig" gehandelt. Wieso eigentlich? Die Managementliteratur würde diesen Fall als Win-win-Situation bezeichnen, weil beide bekommen, was sie wollen. Oder etwa doch nicht?

Man muss sich hier das oberste Gebot einer Verhandlung vor Augen führen: **Keiner möchte sein Gesicht verlieren und „dumm" dastehen.**

Niemand hat wirklich Lust darauf, als Versager zu gelten, den man über den Tisch gezogen hat. Von daher haben die beiden aus obigem Beispiel einen fundamentalen Verhandlungsfehler begangen: Sie haben das Spiel nicht gespielt!

Das Verhandlungsspiel muss beiden Parteien die Möglichkeit geben, für sich etwas „rauszuholen", damit man hinterher mit Stolz auf den Verhandlungserfolg blicken kann. Wäre der Verkäufer in obigem Beispiel mit einem Preis von 3.000 Euro gestartet, so hätte man sich nach etwas rituellem Feilschen auf die 2.500 Euro einigen können und beide Verhandlungspartner wären erhobenen Hauptes nach Hause gegangen. Der Verkäufer hätte seiner Partnerin sagen können, dass er zwar einen strategischen „Abstrich" beim Verkaufspreis gemacht hat, aber mit den realisierten 2.500 Euro hochzufrieden wäre. Der Käufer wiederum, könnte sich zu Hause damit brüsten, dass er den Verkäufer um 500 Euro heruntergehandelt hat. Alle wären zufrieden, weil das „Verhandlungsritual" eingehalten wurde.

Was bedeutet dies für Sie als Verhandler? Sie werden gelassener vorgehen, wenn Sie bereits vor Beginn überlegen, welche Erfolge Sie *für den Verhandlungspartner* bereitstellen möchten. Denken Sie sich in Ihr Gegenüber hinein und verhandeln Sie so, dass er oder sie ihr Gesicht wahren können! Vor allem bei Verhandlungspartnern mit denen Sie über einen längeren Zeitraum zusammenarbeiten, ist die Gesichtswahrung des Gegenübers Ihr zentraler Vorteil!

Ich möchte dies an einem Beispiel festmachen: Nehmen wir an, Sie sind Projektmanager und stellen fest, dass Sie noch weitere Human-Ressourcen benötigen, um das Projekt in der gewünschten Qualität und Zeit abschließen zu können. Hierfür müssen Sie den Oberprojektleiter nach diesen Ressourcen fragen. Nehmen wir weiter an, dass Sie zwei Ganzzeitstellen hierfür benötigen. Wenn Sie den Oberprojektleiter kennen und wissen, dass dieser Ihnen das gibt, was Sie benötigen, dann müssen Sie hier natürlich nicht pokern. In allen anderen Fällen lohnt es sich nun, den „Gesichtswahrungsfaktor" einzubauen. Sie fordern 2,5 bis 3 Ganzzeitstellen. Nun wird der Oberprojektleiter vermutlich anfangen zu jammern und Ihnen die Restriktionen erklären, denen er unterliegt. Nach vielem hin und her wird er Ihnen eventuell 1,5 bis 2 Stellen anbieten, die Sie dann „zähneknirschend" akzeptieren. Der Oberprojektleiter geht mit dem guten Gefühl nach Hause, dass er schonend mit seinen Ressourcen umgegangen ist und Ihnen nicht sofort alles gegeben hat, was Sie verlangt haben. Sie wiederum erhalten genau das, was Sie benötigen, haben ihm aber seinen Verhandlungserfolg gegönnt.

An diesem Beispiel können Sie erneut erkennen, wie wichtig es ist, dass der Verhandlungspartner sein Gesicht wahren kann, dass er mit einem guten Gefühl die Verhandlung verlässt. Doch natürlich sollte die Gesichtswahrung nicht nur anhand von Zahlenmanipulationen stattfinden: Sie sollten sich tatsächlich immer überlegen, was Sie dem anderen anbieten können, damit für ihn die Gesamtlösung akzeptabel wird.

Ein sehr beeindruckendes Beispiel hierfür hat mir der bereits oben erwähnte Matthias Schranner gegeben. Die Polizei ist natürlich auch öfters mit Situationen konfrontiert, wo sich jemand das Leben nehmen will. Da steht beispielsweise eine Person auf dem Dach eines Hochhauses und droht zu springen. Mittlerweile hat sich eine relativ große Menge an Gaffern versammelt, die interessiert beobachtet, ob er sein Vorhaben durchführt oder nicht. Offensichtlich hält ihn jedoch noch etwas zurück, denn unser Selbstmordkandidat ist ja noch nicht gesprungen. Weshalb verlässt er das Dach nicht sofort und „ergibt sich" der Polizei, wenn Zweifel da sind? Nun, es ist auch hier oftmals die Angst vor Gesichtsverlust, die ihn verharren lässt. Was würden die Gaffer unten von ihm halten oder ihm sogar erwidern, wenn er nun aufgeben würde. Tatsächlich ist es so, dass es immer wieder Schaulustige gibt, die den Kandidaten mittels lautstarken Rufen sogar auffordern, zu springen. Diese würden sich sicherlich hämisch über sein „Einknicken" äußern. Ein gut geschulter Polizist hat jedoch eine das „Gesicht wahrende" Lösung in petto. Er bietet dem potentiellen Selbstmörder eine Feuerwehruniform an, wenn er sofort mit ihm das Dach verlässt. Diese Uniform dient dazu, dass dieser nun die Möglichkeit hat, das Dach anonym zu verlassen, ohne dass er von der Menge unten mit seinem „Versagen" konfrontiert wird. Die Uniform ist also ein sehr geeignetes Mittel für die Gesichtswahrung des Verhandlungspartners!

Doch natürlich geht es nicht nur darum, den Verhandlungspartner zu befriedigen. Sie möchten ja schließlich auch etwas erreichen. Dieses „Etwas" werden wir im Abschnitt „Konkrete Verhandlungsbeispiele und -techniken" noch eingehender beleuchten. Wichtig ist es, sich immer wieder in Erinnerung zu rufen, dass man selbst auch die Möglichkeit hat, die Verhandlung abzubrechen, wenn bestimmte Ziele in Gefahr sind!

Wir halten fest: Eine Verhandlung zeichnet sich dadurch aus, dass man gemeinsam versucht, die Interessen in Ausgleich zu bringen, um ein Ziel zu erreichen. Falls dies nicht gelingt, haben jedoch alle Parteien die Möglichkeit, die Verhandlung abzubrechen. Um langfristige Verhandlungserfolge zu erzielen, hat die Gesichtswahrung des Verhandlungspartners oberste Priorität!

Wer verhandelt mit wem und wie lange?

Je weiter wir uns in diesem Buch voranbewegen, desto mehr Techniken und Analysen, die Sie bereits kennen gelernt haben, greifen ineinander. Das Persönlichkeitsmodell, das im Kapitel „Welcher Ärger-‚Typ' sind Sie oder Ihr Gegenüber" vorgestellt wurde, ist ebenfalls außerordentlich wichtig für Ihren Verhandlungserfolg. Sie sollten von Ihrem Verhandlungspartner, aber vor allem auch in Bezug auf sich selbst über eine gute Idee verfügen, welche der beiden Hauptachsen des Modells am ehesten vorliegen. Das Wissen um diese Persönlichkeitspräferenz bedeutet für eine konkrete Verhandlung vor allem eines: Sie erkennen eigene und fremde potentielle Schwächen. Geschulte Verhandlungspartner sind eventuell bemüht, Ihre Schwächen auszunutzen und Sie in die von ihnen gewünschte Richtung zu manipulieren. Im besten Falle schmeichelt man Ihnen, im Gegenextrem versucht man Sie so zu ärgern, dass Sie der momentanen Diskussion nicht mehr oder nur noch sehr schwer folgen können.

Die eben angesprochenen Schwächen unterscheiden sich in Abhängigkeit zur vorliegenden Persönlichkeitsausprägung. Ein Distanz-Typ hat beispielsweise die offensichtliche „Schwäche" seiner Individualität. Wenn dieser nun bei seiner Eitelkeit gepackt wird, kann es dazu führen, dass viel Energie vergeudet und damit notwendige Mentalressourcen für die Verhandlungsaufgabe gebunden sind. Genauso kann ein gezieltes Schmeicheln oder Ansprechen der Expertise des Gesprächspartners dazu führen, dass dieser sehr positiv gestimmt bleibt, auch wenn die Verhandlungsinhalte nicht diesem Bild entsprechen.
Genau wie in diesem Beispiel verfügen alle übrigen Persönlichkeitsausprägungen ebenfalls über bestimmte „Schwächen", die ausgenutzt werden könnten. So ist dem Nähe-Typ natürlich ein harmonisches Miteinader wichtig. Wenn dieses massiv gestört oder er selbst als destruktiv kritisiert wird, kann es dazu führen, dass er in seiner Arbeit behindert wird. Der Dauer-Typ möchte alles möglichst perfekt erledigen. Wenn er mit vermeintlichen Fehlern konfrontiert wird, sinkt

vermutlich seine Energie. Der Wechsler erregt sich vor allem, wenn ihm vorgeworfen wird, dass seine Ideen nicht kreativ sind.

Bei derart „unfairem" Spiel ist es für Ihren Verhandlungserfolg wesentlich, dass Sie Ihre potentiellen „Schwächen" gut kennen. Seien Sie nicht allzu überrascht, wenn der eine oder andere Verhandlungspartner versucht, diese einmal auszutesten. Wenn Sie den folgenden Tipp beherzigen, werden Sie nicht nur gelassener reagieren, sondern Ihren Verhandlungserfolg auch nicht schmälern.

> **Tipp: Identifizieren Sie Ihre Schwächen**
> Nutzen Sie das Persönlichkeitsmodell erneut, um Ihre vermeintlichen Verhandlungsschwächen aufzudecken. Finden und analysieren Sie Ihre individuellen Auslöser. Wenn man nun versucht, diese zu aktivieren, widerstehen Sie der Versuchung, sich zu rechtfertigen oder viel Energie zu investieren. Zeit für eine Nachanalyse und eine Richtigstellung besteht immer noch.

Zu der Frage „Wer verhandelt?" gehört allerdings noch eine weitere Dimension: Man muss sich auch klar machen, was derjenige, der verhandelt, eigentlich darf und was nicht.

Auch in diesem Punkt kann man von den Verhandlungsspezialisten der Polizei sehr viel lernen. Bei Geiselnahmen z. B. gibt es eine strikte Aufteilung in den „Verhandler" und den „Entscheidungsträger". Ein Verhandler ist hierbei lediglich mit bestimmten Kompetenzen ausgestattet (Lebensmittel oder sonstige „kleine" Annehmlichkeiten auszuhändigen), während der Entscheidungsträger weitreichende Aussagen treffen kann (z. B. Fluchtfahrzeug oder auch Töten des Geiselnehmers). In derartigen Extremsituationen dient diese Aufteilung dazu, dass es immer noch eine Person gibt, die nicht direkt emotional ins Geschehen involviert ist, damit eine gewisse Objektivität bewahrt bleibt. Damit dieses Konzept allerdings funktionieren kann, muss sichergestellt sein, dass jede der handelnden Personen ihre Kompetenzen auch kennt und befolgt.

Wie sieht dies in der Verhandlungsrealität von Unternehmen oder auch Privatpersonen aus? Nach meiner Erfahrung werden oft Personen in Verhandlungen geschickt, denen ganz und gar nicht klar ist, wie weit sie gehen dürfen und ab welcher Stelle sie beispielsweise die Verhandlung abbrechen sollten. Hierzu ein Beispiel aus meinen Trainings: Ein Teilnehmer hatte privat im Rahmen einer Messe einen Artikel erworben, der noch weitere Dienstleistungen im Nachgang erforderlich machte. Es wurden von Seiten des Verkäufers (es handelte sich um einen Messerepräsentanten, der wie sich später herausstellte, nicht direkt bei der Herstellerfirma angestellt war) Aussagen und Erläuterungen getroffen, die in dieser Deutlichkeit nicht oder nicht exakt im Vertrag fixiert wurden. Im Nachgang, als das Produkt bzw. die Dienstleistung also fertig gestellt werden sollte, distanzierte sich die Herstellerfirma von den mündlichen Aussagen des Verkäufers und wollte zusätzliche Kosten geltend machen. Im Rahmen eines Rollenspiels haben wir im Training dieses Reklamationsgespräch geübt, das der Teilnehmer, wie auch in der Realität, ohne seine Ehefrau führen musste. Es wurde sehr schnell deutlich, dass er auf verlorenem Posten steht, wenn er nicht vorab mit seiner Frau geklärt hat, wie weit er im Extremfall gehen darf. Falls die beiden nicht auch besprochen haben, ab welcher Stelle man die Verhandlung abbricht und beispielsweise rechtliche Schritte einleitet, hat es der Verhandler sehr schwer, das Gespräch zu einem erfolgreichen Abschluss zu bringen. Wenn man jedoch vorab festgelegt hat, wie weit man gehen darf, steht einer erfolgreichen Verhandlung nichts im Wege.

Was bedeutet dies für Sie? Falls es noch weitere Personen gibt, die direkt an den Verhandlungserfolg „gebunden" sind, oder wenn Sie sogar im Auftrag verhandeln, wie dies häufig bei großen Konzernen der Fall ist, müssen Sie unbedingt vor Verhandlungsbeginn klären, wie weit Ihre Kompetenzen reichen und was Sie dürfen. Besprechen Sie unbedingt auch Szenarien, die zu einem Verhandlungsabbruch führen könnten. Je genauer Sie Ihre Kompetenzen kennen, desto gelassener können Sie auch verhandeln!

Konkrete Verhandlungsbeispiele und -techniken

Ich habe Ihnen versprochen, dass wir auf den „Mindestanspruch" noch zurück kommen werden. Was ist hiermit gemeint? Für jede Verhandlung sollten Sie vorab ein Minimalziel definiert haben. Wenn dieses unterschritten wird, sollten Sie die Verhandlung abbrechen!

Erinnern Sie sich an die typischen Gesprächsphasen, die im Kapitel „Die ‚Wohlfühl'-Kommunikation" vorgestellt wurden? Direkt nach der Aufwärmphase habe ich vorgeschlagen, das Gesprächsziel anzusprechen, damit sowohl Sie selbst als auch Ihr Gesprächspartner eine Orientierung erhalten. Dieses Ziel darf im Gespräch eine gewisse Abstraktheit aufweisen. So wäre es meines Erachtens völlig ausreichend das Gesprächsziel mit dem Satz „Ich möchte mit Ihnen die Möglichkeiten einer Gehaltsanpassung besprechen" zu benennen, wenn Sie mit Ihrem Chef eine Gehaltsverhandlung erörtern möchten. Als Verhandlungsvorbereitung reicht dies jedoch nicht aus. Wichtig ist es, für sich selbst vorab ein **Minimal-** und ein **Maximalziel** festzulegen. Was möchten Sie mindestens erreichen? An welcher Stelle macht das Gespräch keinen Sinn mehr?

Lassen Sie uns diese Technik auf den Gebrauchtwagenverkauf anwenden: Wenn Sie ein Minimalziel (also einen Mindestverkaufspreis) festlegen, so sollten Sie hier alle verfügbaren Informationen „einpreisen". Das bedeutet dass Sie bei Unterschreiten dieses Kaufpreises in jedem Fall die Verhandlung abbrechen und zwar unabhängig davon, dass dies vielleicht der letzte Käufer des Tages war und Sie das Auto eventuell nochmals inserieren und wiederum das nächste Wochenende investieren müssen usw.

Sie sollten also sehr realistisch und neutral beim Festlegen des Minimalzieles vorgehen. Wenn dieses jedoch feststeht, haben Sie einen unglaublichen „Gelassenheitssprung" beim Verhandeln erreicht: Sie können nie mehr über den Tisch gezogen werden! Dies ist nur dann möglich, wenn man Sie in einer Schwäche erwischt. Eine derartige Schwäche könnte beim Autoverkauf beispielsweise sein, dass der potentielle Käufer zwar einen viel zu niedrigen Preis bietet, Sie aber ins Zweifeln kommen. Gedanken, wie z. B. „Das ist zwar wenig, aber dann wäre der Golf weg und ich hätte den ganzen Ärger des Inserierens usw. nicht mehr" zerstören nicht nur Ihren Verhandlungserfolg, sondern geben Ihnen auch im Nachgang noch immer wieder das Gefühl, das Falsche getan zu haben.

Ganz anders können Sie jedoch handeln, wenn Sie sich vorab ein unteres Limit, also ein Mindestziel gesetzt haben. Wenn dieses nun unterschritten wird, können Sie die Verhandlung wertschätzend aber bestimmt beenden („Ich denke zu diesen Konditionen kommen wir nicht zusammen, vielen Dank für Ihr Angebot"). Im schlimmsten Fall ärgern Sie sich kurz über das unverschämte Angebot, aber dies ist immer noch eher zu akzeptieren, als sich im Nachgang sehr lange über den zu günstigen Verkauf zu grämen.

Wenden wir diese Technik auf das andere Beispiel an, bei dem das Ehepaar den Messekauf bereut hatte. Die Frau sagte nur pauschal, dass sie mit diesem Fall nicht vor Gericht gehen wolle. Somit schwindet das Minimalziel, das der Ehemann nun im Rahmen seiner Verhandlung anstreben kann, dramatisch. Wie kann er nun die Verhandlung abbrechen, wenn dieser letzte Schritt nicht gegangen werden kann? Er wäre auf ein Wohlwollen seines Verhandlungspartners angewiesen, müsste aber eigentlich alles akzeptieren, was dieser bietet.

Sie sehen, auch hier zeigt sich die potentielle Qualität einer Verhandlung bereits in der Vorbereitung! Beide Ehepartner müssen gemeinsam ihr Minimalziel analysieren. Welches Entgegenkommen des Verkäufers ist mindestens erforderlich, so dass beide mit dem Ergebnis leben können. Welche Leistungen, von einer Preisreduktion abgesehen, könnte der Verkäufer anbieten, so dass das Ergebnis eine (Mindest-) Zufriedenheit erzeugt? Im vorliegenden Fall hätte dieses Gespräch vermutlich ergeben, dass das Minimalziel entweder eine Einhaltung der mündlichen (vor Zeugen) getätigten Versprechen oder aber eine Aufhebung des Kaufvertrags sein könnte. Wenn der Käufer jedoch beides verneint, muss es auch die Option „Rechtsweg" geben, damit er seiner Position den nötigen Nachdruck verleihen kann.

Dieser Nachdruck sollte jedoch nicht als Drohung geäußert werden, weil diese wiederum nicht Gesicht wahrend für den Verkäufer wäre und ihn diese „Erpressung" eventuell dazu nötigen würde, auf stur zu schalten. Eleganter wäre hier das vorwurfsfreie Hinweisen auf weitere Konsequenzen. Beispielsweise könnte man so argumentieren: „Sie sagen, dass Sie am Preis nichts machen können und das kann ich nachvollziehen. Auf der anderen Seite können Sie sicherlich auch verstehen, dass wir dieses Produkt nachweislich unter anderen Voraussetzungen erworben haben und der nun nachträglich festgestellte Preisaufschlag für uns nicht akzeptabel ist. Vor dem Hintergrund, dass wir beide wohl keine Lust auf eine gerichtliche Auseinandersetzung haben, schlage ich vor, dass wir den Kaufvertrag annullieren."

Diese Argumentation ist natürlich nur möglich, wenn der Verhandler bei keinem Entgegenkommen auch die Karte „gerichtliche Klärung" spielen möchte und kann. Seien Sie sicher, dass viele Verhandlungspartner sehr genau erkennen, ob Sie bluffen oder nicht. Wenn Sie bei einem Bluff erwischt werden, haben Sie noch weniger Optionen als vorher und sind in einer wesentlich schlechteren Position. Es zeigt sich erneut, wie wichtig es ist, vorher genau zu überlegen, was akzeptabel ist und an welcher Stelle man die Notbremse zieht.

Erfahrungsgemäß ist das Definieren von Minimalzielen gar nicht so einfach; viele meiner Teilnehmer setzen sich überwiegend zu anspruchsvolle Ziele, wenn sie in Gespräche oder Verhandlungen gehen.

Nehmen wir z. B. einmal die Situation, dass Sie als Führungskraft fest-gestellt haben, dass einer Ihrer Mitarbeiter eine bestimmte Tätigkeit nicht gewissenhaft genug ausgeführt hat, also dass es zu Fehlern ge-kommen ist. Das Minimalziel hier wäre *nicht*, dass der Mitarbeiter insgesamt gewissenhafter wird, wie viele Führungskräfte annehmen. Weshalb? Weil diese fundamentale Persönlichkeitsänderung nicht in Ihrer Macht steht. Diese Veränderungen können lediglich von Thera-peuten initiiert werden und auch nur dann, wenn der zu Therapieren-de mitspielt.

Stattdessen ist es wichtig, von der allgemeinen Rückmeldung „Du musst sorgfältiger werden" zu einem konkreten Feedback zu gelangen, was geschehen ist und was man sich anders wünscht. Ihr Minimalziel sollte es dann sein, dass der Mitarbeiter den oder die Fehler „versteht" und Vorschläge macht, wie man sie zukünftig vermeiden kann. Das Maxi-malziel wäre hier eventuell, dass sofortige Maßnahmen zur Fehlerbehe-bung angegangen werden und dass der Mitarbeiter diese kritische Feed-backsituation darüber hinaus auch noch motiviert verlässt.

Wenn Sie Ihre Minimalziele zu hoch ansetzen, birgt dies natürlich die Gefahr, dass Sie diese nicht erreichen und das Gespräch unzufrieden verlassen. Erinnern Sie sich noch an die Führungskraft, die glaubte, Harmonie zwischen den beiden Mitarbeitern stiften zu müssen, die es hartnäckig vermieden, direkt miteinander zu sprechen? Stellen Sie sich vor, wie das Gespräch verlaufen würde, wenn dies sein Minimalziel wäre? Die beiden Mitarbeiter würden ihren Chef kaltlächelnd „auflau-fen" lassen, weil ihnen auch bewusst ist, dass Harmonie nicht verlangt werden kann. Die Führungskraft würde sich stark unter Druck setzen, seinem eigenen Anspruch gerecht zu werden. Sicherlich wäre dies kei-ne gelassenheitsförderliche Konversation!

Für eine wirklich gelassene und erfolgreiche Vorgehensweise in Ver-handlungen, benötigen Sie noch eine weitere Erkenntnis, an die Sie sich jedoch nur erinnern müssen, wenn Sie dieses Buch sequentiell bearbeitet haben. Das letzte Kapitel zeigte den gelassenen Umgang mit Konflikten und hat verschiedene Lösungsstile vorgestellt. Erinnern Sie sich noch an das Zitronen-Beispiel? Der Pfleger hätte dann eine für alle Beteiligten hervorragende Lösung bewirken können, wenn er die bei-den alten Damen nach ihren *Motiven* befragt hätte. „Wofür möchtest Sie denn die Zitrone?" wäre hierfür eine zieldienliche Frage.

In Verhandlungssituationen benötigen wir genau diese Fähigkeit. Wenn wir auf Positionen beharren (Ich will die Zitrone) laufen wir früher oder später in eine Verhandlungs-Sackgasse. Beide Parteien formulieren ihren Anspruch und werden immer schärfer im Verhandlungs-„Ton", da ihre Frustration ebenfalls zunimmt, wenn der andere nicht nachgibt. In einem derartigen Dialog kann es nur noch einen Gewinner und einen Verlierer bzw. den Verhandlungsabbruch geben. Um jedoch weiter zu kommen, bedarf es der „Arbeit" an Motiven. „Was brauchst du von mir und was benötige ich?" muss gefragt werden. In Kombination mit Ihrer vorherigen Analyse des Minimalziels sollte es Ihnen nicht schwerfallen, sich von festgefahrenen Positionen zu lösen, und stattdessen offen zu sein für notwendige Zugeständnisse, wenn diese Ihnen im Gegenzug die Verwirklichung von eigenen Verhandlungszielen ermöglichen. Überlegen Sie sich also vorab, was Sie wirklich jenseits von eingefahrenen Positionen, die nur Verliererpotential aufzeigen, erreichen möchten.

Die folgende Checkliste zeigt Ihnen nochmals auf, was Sie im Rahmen von Verhandlungen unbedingt beachten sollten.

> ### Checkliste für gelassene Verhandlungen
>
> - Legen Sie vorab Ihre Minimal- und Maximalziele fest.
> - Überlegen Sie, was Sie mindestens erreichen möchten und wann der Verhandlungsabbruch geschehen müsste.
> - Denken Sie auch darüber nach, welches Persönlichkeitsprofil Sie wie auch Ihr Gesprächspartner am ehesten aufweisen.
> - Überlegen Sie, was Sie dem Verhandlungspartner anbieten können, damit er oder sie ihr Gesicht wahren können.
> - Versuchen Sie, die Motive des Verhandlungspartners zu erfragen und zu identifizieren, weil sich hieraus Lösungen ergeben können, die für beide Seiten maximal zieldienlich sein können.

Handlungsfähig trotz Restriktionen!

Bei Restriktionen handelt es sich um unveränderbare Rahmenbedingungen, also um Gegebenheiten, deren Veränderungen nicht in unserer Macht liegen. Warum das Erkennen einer Restriktion und der zielorientierte Umgang mit ihr zu einer wesentlichen Gelassenheitstechnik gehören, möchte dieses Kapitel darlegen. Bevor wir uns jedoch mit Restriktionstheorie und Praxisbeispielen sowie konkreten Tipps beschäftigen, sollten wir uns zuerst dem Veränderbaren, also der Analyse der eigenen Handlungsoptionen widmen.

Eine Führungskraft konfrontierte mich im Rahmen eines Kennenlerngespräches einmal mit folgender Frage „Herr Augsburger, machen Sie eigentlich auch Motivationstrainings?" und meinte damit, Veranstaltungen, bei denen ein *Motivator* (Trainer) mittels verschiedener Techniken (z. B. gemeinsamen Siegesrufen) Motivation bei den Teilnehmern aufbaut. Die Führungskraft war sehr erstaunt, als ich dies verneinte.

Nach meiner Erfahrung kann man *nicht* motivieren. Wenn die Personalauswahl einigermaßen gut funktioniert hat, sind Mitarbeiter per se motiviert. Ein Mensch, der zwischen acht und zwölf Stunden an einem Arbeitsplatz verbringt, hat die grundlegende Motivation, dass dieses Erlebnis keine Zeitvergeudung ist und möchte einen guten Job machen.

Dennoch gibt es natürlich immer wieder *Demotivation*: Mitarbeiter sind demotiviert bis hin zur inneren oder sogar tatsächlichen Kündigung. Die Idee, diese Konsequenzen jedoch einzig und allein mittels bestimmter Aktivitäten (z. B. Outdoor-Übungen, gemeinsamem Kochen usw.) oder auch monetärer Anreize zu beeinflussen, führt nicht zum Erfolg. Es geht also nicht darum, Motivation aufzubauen, sondern eher darum Demotivation *abzubauen*! Vor dem Hintergrund, dass Menschen prinzipiell motiviert sind, ihre Aufgaben zu erfüllen muss die entscheidende Frage lauten: „Was bewirkt Demotivation?".

Hier lassen sich viele interessante Aspekte identifizieren, wobei einige Analyse-Stränge leider eben auch bei der Führungskraft enden, die die Abteilung leitet. Beispielsweise ist den handelnden Personen überhaupt nicht klar, was ihr Chef von ihnen erwartet, Aufträge sind nicht klar definiert, es fehlt an Kompetenzen, Konflikte werden nicht klar angesprochen oder eben nicht durch die Führungskraft bearbeitet. Bei der Frage, wie man Demotivation abbauen kann, spielt also oftmals die Führungskraft eine entscheidende Rolle. Von daher ist auch klar, dass ein externer Trainer, der mit den Mitarbeitern allseits (un)be-

liebte Outdoor-Spiele durchführt, ohne an den wirklichen Demotivationsgründen zu arbeiten, nicht nur einen unnützen Kostenfaktor darstellt, sondern darüber hinaus noch zusätzlich zur Demotivation beiträgt. Die Mitarbeiter fühlen sich schlicht nicht ernst genommen mit ihren Problemen und zu einem Wochenende gezwungen, das sie bereits im Vorfeld als vergeudete Zeit einstufen.
Im Gegensatz zur Restriktion liegt hier jedoch die Möglichkeit zur Veränderung vor. Man könnte die Mitarbeiter und auch die Führungskraft nach ihren Erwartungen und Veränderungswünschen fragen und an diesen konkreten Erkenntnissen arbeiten. Lösungen, die aus einer derartigen Analyse heraus entstehen sind nicht nur dauerhaft, sondern es passiert noch etwas ganz Außerordentliches: Die Mitarbeiter fühlen sich ernst genommen und erkennen, dass sie gemeinsam mit ihrem Chef etwas Positives bewirken können. Die Grundvoraussetzung hierfür ist jedoch, dass die Führungskraft (zumindest potentiell) anerkennen kann, dass ihr Verhalten auch zur Demotivation beiträgt und sie auch die Bereitschaft signalisiert, ihren Beitrag leisten zu wollen.

Leider sind jedoch nicht alle Führungskräfte offen für eine derartige Erkenntnis. Ein Zitat von Reinhard Sprenger, dem Autor des wunderbaren Buches „Mythos Motivation", bringt dies auf den Punkt: „Mitarbeiter kommen zu Unternehmen, aber sie verlassen Vorgesetzte!". Dieser Aussage kann ich mich uneingeschränkt anschließen. Wenn die jeweilige Führungskraft jedoch selbstreflektiert und offen für Feedback an die Situation herangeht, bestehen noch viele Optimierungschancen, weil sie die Veränderungen „beschließen" kann. Der Chef hat in diesem Fall die Macht, Dinge zu verändern. Doch auch wenn wir diese Möglichkeit nicht haben, kann man für seine Gelassenheit sorgen. Zunächst einmal ist es wichtig zu erkennen, ob überhaupt eine Restriktion vorliegt oder nicht.

Die Theorie von Restriktionen

Niemand kämpft gerne gegen Windmühlen an! In den allermeisten Fällen werden unveränderbare Rahmenbedingungen zunächst einmal als quälend und negativ empfunden. Man möchte so gerne die vermeintlichen Schwächen im System ändern und verzweifelt an der Unveränderbarkeit. In diesem Prozess geht sehr viel Energie und natürlich auch Gelassenheit verloren.

Bei meinen Beratungen und Trainings ist mir aufgefallen, dass das Erkennen von Restriktionen nicht immer ganz leicht ist. Der erste Schritt zu mehr Gelassenheit ist jedoch genau dieser: Wir müssen zunächst einmal wahrnehmen, dass eine Restriktion vorliegt. Wenn wir die Restriktion nämlich nicht realisieren und weiterhin davon ausgehen, dass wir die Dinge ändern können, wenn wir uns nur hart genug anstrengen, ist Verzweiflung und massiver Energieverlust die Folge. Lassen Sie mich diese Überlegung am Beispiel einer Teamentwicklung, die ich begleiten durfte, verdeutlichen:

Die Abteilung hatte sich geschlossen massiv negativ über den Chef geäußert. Diese Kritik war an die nächsthöhere Hierarchieebene gerichtet, die im Anschluss den Chef coachen ließ. Die Mitarbeiter waren der Auffassung, dass sie ebenfalls eine Trainingsunterstützung erfahren sollten, wenn ihr Vorgesetzter schon mittels eines Coachings „aufgerüstet" wird. Diese wurde ebenfalls genehmigt. Natürlich konnte der Coach der Führungskraft nicht gleichzeitig die Mitarbeiter coachen, da das Vertrauensverhältnis in dem vorliegenden Fall schwer beschädigt war, wie Sie sich vorstellen können. Dies war der Grund dafür, einen neutralen Externen zu verpflichten und die Wahl fiel auf mich.

Nach der üblichen Vorstellungsrunde waren alle Teilnehmer eifrig bemüht, mir anhand von vielen Beispielen deutlich zu machen, welch ein schlechter Mensch der Chef sei und dass diese Situation nicht mehr erträglich wäre. Nachdem einige Bedenken und Situationen dargelegt wurden, habe ich die Frage nach dem weiteren Verlauf gestellt. Vor dem Hintergrund, dass wir zwei Tage gemeinsam arbeiten konnten, galt es zu klären, was erreicht werden sollte. Ich gab zu bedenken, dass selbst wenn man mir glaubhaft vermitteln könnte, dass der Chef wirklich unerträglich sei, dies an der Situation der Teilnehmer nichts ändern würde. Denn nach den beiden Trainingstagen verabschiedet sich der Trainer und die Teilnehmer müssen weiterhin mit ihrer Situation zurechtkommen. Von daher habe ich folgendermaßen argumentiert: „Wissen Sie was, ich glaube Ihnen einfach mal, dass Ihr Chef ‚schlecht' ist, Sie müssen mich hiervon nicht weiter überzeugen. Die Frage ist, ob Sie dies ändern können?".

An dieser Stelle ist es zentral, eine Analyse hinsichtlich vorhandener Restriktionen vorzunehmen. Kann man den Status quo ändern, hat man dazu die Macht? Ich habe die Teilnehmer also gefragt, ob sie den Chef irgendwie loswerden könnten. Der Versuch hierfür mittels einer harten und unversöhnlichen Kritik an die nächste Hierarchieebene war ja bereits unternommen worden. Alle Teilnehmer meinten einhellig, dass der Chef wohl auch weiter von seinem Vorgesetzten gestützt werden würde.

Um einen schnellen Erkenntnisprozess zu gewährleisten, kann man als Berater auch manchmal provokativ und ironisierend arbeiten, was ich dann mittels folgender Frage (verbunden mit einem Schmunzeln) umgesetzt habe: „Gut, wenn Sie der Auffassung sind, dass Sie den Chef auf normalem Wege hier nicht wegbekommen, dann können Sie ja immer noch über ein Inkasso-Unternehmen nachdenken, das das Problem anders löst!".

Die Teilnehmer lachten daraufhin und versicherten, dass sie soweit nun doch nicht gehen wollten. Damit hat man dann aber auch alle direkten Lösungsmöglichkeiten, die in der eigenen Macht stehen, erschöpft. Es ist unheimlich wichtig, sich klar zu machen, was man verändern kann bzw. akzeptieren muss. Es gibt zwei wesentliche Fragen, die es im Rahmen dieser Analyse zu stellen gilt: Ist es direkt (mit meinen verfügbaren Machtmitteln) veränderbar oder liegt eine Restriktion vor? Falls es veränderbar ist, heißt die nächste Frage **„Was ist zu tun?"** Man legt eine Reihe von notwendigen Schritten fest und führt sie durch. Falls das Ergebnis nicht das gewünschte ist, muss man seine Strategie ändern, aber es gilt immer noch die Auffassung, dass man die Situation direkt ändern kann. Gelangt man jedoch zu dem Schluss, dass man das Problem nicht direkt ändern kann und dass es sich um eine Restriktion handelt, muss die Frage wie folgt heißen: **„Wie ist der optimale Umgang damit?"**.

Das folgende Schaubild zeigt diesen Analyseprozess nochmals auf.

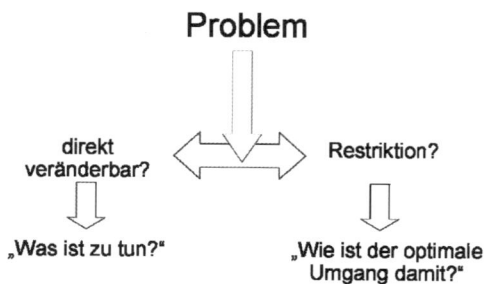

Abbildung 12: Unterscheidung zwischen Veränderbarem und Restriktionen

Die Erkenntnis, dass diese Situation nicht direkt veränderbar ist, traf eine Teilnehmerin besonders hart. Sie brachte dann auch das „Abteilungsgefühl" auf den Punkt: „Ich glaube, dass sich die überwiegende Anzahl der Kollegen hier im Raum noch auf der linken Seite des Schaubilds befinden. Wir alle wollen es offensichtlich noch nicht wahrhaben, dass wir den Chef nicht wegbekommen."

Dieses „Es kann doch nicht sein, dass..." ist eine völlig normale und nachvollziehbare Überlegung. Vor allem, wenn die Situation Leid auslösend ist, wünschen wir uns natürlich einen anderen Ausgang und man verleugnet die Absolutheit der zu Grunde liegenden Restriktion. Doch es hilft alles nichts: Solange man sich noch im Lamentieren über das eigene Restriktions-Schicksal befindet, ist leider der Weg für konstruktive Lösungen versperrt. Bevor man sich überhaupt wieder anderen Lösungen öffnen kann, muss man zunächst einmal akzeptiert haben, dass es keine direkte Änderungsmöglichkeit gibt. Vielleicht kennen Sie das aus Ihrer eigener Erfahrung: Man möchte eine Situation einfach nicht wahrhaben und sträubt sich gegen die Akzeptanz. Als Folge hiervon fallen wir jedoch in eine Art „Opferstarre". Wir sind nicht mehr in der Lage eine konstruktive, nach vorne gerichtete Lösungsenergie zu entwickeln, eben weil wir viel Energie benötigen, um das Ärger auslösende Objekt immer wieder in Frage zu stellen, zu kommentieren und zu verleugnen. In unserem obigen Beispiel machte erst die Erkenntnis, dass die „Chefsituation" nicht direkt veränderbar ist, den Weg frei für die konstruktive Überlegung: „Wenn wir ihn also nicht wegbekommen, wie gehen wir optimal damit um?".

Im Rahmen von weiteren Analysen und Rollenspielen ist den Beteiligten dann deutlich geworden, dass sie aufgrund ihrer ablehnenden Haltung und der bereits erfahrenen Enttäuschungen oftmals sehr skeptisch und abweisend auch auf durchaus positive Vorschläge der Führungskraft reagiert haben. Der „Teufelskreis" war etabliert: Egal, was der Chef gesagt oder getan hat, es schlug ihm massive Ablehnung entgegen. Die Teilnehmer haben also realisiert, dass ein großer Teil der negativen Stimmung im Gesamtsystem auch zumindest teilweise durch sie selbst entstanden ist.

Dies ist für uns, die dieses Buch bis hierhin durchgearbeitet haben, vermutlich nicht überraschend: Wir haben bereits gesehen, dass der Perspektivwechsel auf die andere Person wesentlich ist. Die Teilnehmer, die nun bspw. in Form eines Rollenspiels den Chef verkörpern mussten, erkannten besonders deutlich, dass sie sich überhaupt nicht wohlfühlten und ihnen viel Anfeindung entgegenschlug. Die Tatsache, dass alles, was sie sagten, vom Gegenüber verdreht und negativ ausgelegt wurde, verstärkte ihre Hilflosigkeit. Sie konnten also mit Hilfe dieser Erfahrung verstehen, wie hilflos sich vermutlich der echte Chef fühlen musste und wie hart die Teammitglieder mit ihm ins Gericht gingen.

Diese Erkenntnis war wesentlich für ein verändertes Verhalten. Nun konnte man zielgerichtet die Frage stellen, wie man optimal mit der Situation umgehen kann. Die Teilnehmer identifizierten viele Ansätze, wie sie sich gegenüber der Führungskraft in der Folge nun anders verhalten konnten. Gleichzeitig lernten sie jedoch auch die kommunikativen Mittel, um ihr Unwohlsein ausdrücken zu können, ohne jedoch den Chef zu sehr zu kränken. Für ein derartiges kritisches Feedback bietet sich vornehmlich das SEK an, das Sie bereits kennen gelernt haben.

Und das Ergebnis? Nach knapp zwei Monaten sprach ich nochmals mit dem Coach, der den Chef betreute und fragte nach, ob sich denn seines Wissens eine Änderung ergeben habe. Der Coach zitierte den Chef mit folgenden Worten: „Hat der Trainer mit denen eine Gehirnwäsche angestellt, die sind ja auf einmal alle so konstruktiv?".

Ich musste natürlich über den Begriff der Hirnwäsche schmunzeln, nahm das Ergebnis aber als Kompliment. Im Gegensatz zu einer Gehirnwäsche, bei der man sich gezwungenermaßen bestimmte Haltungen aneignen muss, war der Fokus im Training allerdings anders gelagert: die Teilnehmer realisierten, dass es für *sie* besser wäre, wenn sie sich vor dem Hintergrund der Chef-Restriktion konstruktiv verhalten! Diese Erkenntnis entspricht voll und Ganz dem Inhalt dieses Buches: **Wenn es dir besser gehen soll, sorge erst einmal dafür, dass es anderen besser gehen kann.** Das Übrige ergibt sich häufig von selbst. Falls sich keine Besserung ergibt, bleibt immer noch der wunderbare englische Merksatz, den wir bereits kennen: „Love it, change it or leave it.

Bevor wir jedoch zu schnell davon ausgehen, dass Restriktionen vorliegen, sollten wir möglichst viele Informationen einholen, um dies zu prüfen. Wir sollten unsere Aufträge klären!

Exkurs: Die Auftragsklärung

Versuchen Sie zu erkennen, ob es Restriktionen gibt und wie genau diese aussehen. Gerade beim Klären von Aufträgen kommt es immer wieder zu Ungenauigkeiten, die einen enormen Effekt auf unsere Gelassenheit haben können.

Stellen Sie sich vor, Ihr Chef möchte von Ihnen Ideen haben, wie man für Ihre Abteilung die Kundenzufriedenheit messen könnte. Sie nehmen diesen Auftrag so an und stürzen sich bzw. Ihre Mitarbeiter in die Arbeit. Nach drei Tagen inklusive mehrerer Nachtschichten präsentieren Sie gemeinsam mit einem Ihrer treuen Mitarbeiter die 50-Seiten-Powerpoint-Präsentation. Ihr Chef entgegnet nur erbost: „Was soll das denn, ich wollte eine Seite handschriftlich mit Ideen und Sie kommen mit einer Hochglanzbroschüre an. Haben Sie nichts Besseres zu tun?“.

Nicht nur, dass Sie sich vermutlich unwohl fühlen, die Blicke Ihres Mitarbeiters werden auch sehr interessant sein. Dieser denkt wahrscheinlich „Warum hat er nicht nachgefragt und uns viel Arbeit erspart?“, womit er nicht ganz falsch liegt. Allerdings haben viele Führungskräfte einen Glaubenssatz, den man folgendermaßen umschreiben könnte: Nachfragen wirkt inkompetent! Abgesehen davon, dass dem nicht so ist, ist die Konsequenz aus der Fragenvermeidung in den allermeisten Fällen schlimmer als ein vermeintlicher Ansehensverlust. Wenn Sie nicht nachfragen, tappen Sie schlicht im Dunkeln. Eventuell treffen Sie ins Schwarze, eventuell aber auch nicht. Das größte Ärgernis ist jedoch, wenn Sie sich viel mehr Arbeit machen, als eigentlich notwendig gewesen wäre und dies auch noch negativ bewertet wird, wie in unserem Beispiel.

Was sollten Sie also klären? Ziele, die Sie erhalten oder auch an Ihre Mitarbeiter weitergeben sollten „smart“ sein. Die Abkürzung **SMART** steht jeweils für Adjektive, die wiederum in Summe darlegt, anhand welcher Kriterien man „gelassenheitsoptimierte“ Ziele erkennt. Man könnte auch sagen, dass smarte Führungskräfte ebensolche Ziele formulieren. Die folgende Abbildung zeigt die Adjektive auf.

S pezifisch

M essbar

A nspruchsvoll

R ealistisch

T erminiert

Abbildung 13: Smarte Ziele

Ziele sollten also spezifisch, messbar, anspruchsvoll, realistisch und terminiert sein. Lassen Sie uns zunächst den Fokus auf die wichtigsten Eigenschaften legen: S, M und T sind meines Erachtens am wichtigsten, wenn man Ziele vereinbaren möchte, die soweit es geht, zu unserer Gelassenheit beitragen.

In unserem Beispiel müsste man das Ziel „Überprüfung der Kundenzufriedenheit" zumindest spezifizieren und terminieren. Idealerweise versucht man dann noch, die Zielerreichung messbar zu machen. Das bedeutet, dass man in diesem Fall den Auftraggeber bitten muss, den Auftrag zu spezifizieren. Befragt man bspw. exemplarisch einen einzigen Kunden oder führt man eine Vollerhebung durch? Reicht eine telefonische Befragung aus oder sollte man einen Fragebogen entwickeln? Bis wann sollte was vorliegen?

Oftmals hat man mit dem Phänomen zu kämpfen, dass der Auftraggeber auch keine Ahnung hat, wie das Ergebnis eigentlich aussehen soll und sich deshalb vom Experten Vorschläge erhofft. Dies ist auch völlig in Ordnung; Sie sollten dennoch versuchen, den Auftrag etwas einzugrenzen. Erfahrungsgemäß kann der Auftraggeber tatsächlich wenigstens eine Frage recht gut beantworten: Wenn er schon nicht weiß, wie die Lösung oder das Ergebnis auszusehen hat, dann hat er aber oftmals eine Idee, wie er es **nicht** haben will. Fragen Sie also zumindest nach, wie die Lösung auf keinen Fall aussehen soll. Nehmen wir das obige Beispiel mit der 50-Seiten-Präsentation. Wenn Sie Ihren Chef gefragt hätten, was er auf keinen Fall haben möchte, hätte dieser eventuell geantwortet, dass Sie eine erste handschriftliche Skizze völlig ausreichen würde und er auf keinen Fall eine Hochglanzbroschüre als Ergebnis möchte. Dies wäre, wie bereits gesehen eine sehr wichtige Information für Ihre und die Gelassenheit Ihrer Mitarbeiter gewesen.

Welche Auftragsklärungsfragen eignen sich denn nun? Wie wir bereits herausgearbeitet haben, sollte man zumindest fragen, wie es idealerweise aussehen sollte oder eben auf keinen Fall aussehen darf. Sehr geeignet sind auch „Reisen" in die gewünschte Zukunft: „Woran würden Sie denn konkret feststellen, dass das Ergebnis positiv ist?" oder auch „Was müsste passieren, dass Sie hinterher sagen, das hat sich gelohnt?", sind sehr schöne Fragen, um den Auftraggeber „abzuholen", falls die Ausgangssituation noch sehr unklar ist.

Das Akronym SMART beinhaltet ja noch A und R. Die beiden Adjektive anspruchsvoll und realistisch leiten sich aus der Motivationsforschung ab. Demnach haben Ziele dann einen hohen motivationalen Wert, wenn sie es schaffen, die Balance zwischen Anspruch und Realismus zu halten. Wenn das Ziel keine Herausforderung darstellt, ist das ebenso demotivierend, wie wenn es unerreichbar scheint.
Nutzen Sie also die möglichen Auftragsklärungsfragen, auch um herauszufinden, ob eine angesprochene Restriktion tatsächlich vorliegt. Vertiefen Sie mittels Präzisierungsfragen, ob nicht doch die Möglichkeit einer Änderung vorliegt. Wenn Sie bspw. im Rahmen einer Gehaltsverhandlung von Ihrem Chef hören, „dass es im Moment schlecht mit Gehaltserhöhungen aussieht", so liegt noch lange keine Restriktion vor. Sie müssten nachfragen, ob also in der gesamten Organisation im Moment keine Erhöhungen stattfinden. Falls der Chef nun zugibt, dass das so nicht ist, können Sie vor diesem Hintergrund weiterfragen, was Sie an Unterstützung hierfür anbieten können.
Dieses Beispiel zeigt, dass man sehr gut zwischen echten und lediglich behaupteten Restriktionen unterscheiden lernen muss. Lassen Sie uns nun nochmals zu den tatsächlichen Restriktionen zurückkehren.

Praxisbeispiele von Restriktionen und konkrete Tipps
Im Rahmen einer Teammoderation bei einem internen Dienstleister eines Konzerns, ist mir aufgefallen, dass sich die Kollegen sehr negativ über die Einkaufpraxis im Unternehmen aussprachen. Es gab nämlich einige Manager, die eben diese Dienstleistung auch extern buchten, obwohl es besagte hierauf spezialisierte interne Abteilung gab. Man beklagte sich also darüber, dass die Abteilung nicht mehr oder gar ausschließlich angesprochen wurde und stattdessen weiterhin Gelder in den externen Markt flossen. Der dahinter stehende Gedanke ist natürlich durchaus nachvollziehbar: „Wenn wir schon dafür da sind, weshalb übergehen uns die Manager und kaufen extern ein?".

Natürlich stand auch in diesem Fall am Anfang die Frage nach Veränderbarkeit und feststehenden Rahmenbedingungen. Die Abteilung teilte mir daraufhin mit, dass sie bspw. dem Vorstand schon einmal einen Beschluss zur Unterzeichnung vorgelegt habe, der es Managern untersagen würde, extern zu kaufen. Leider wurde dieses Papier jedoch nicht unterzeichnet. Der Vorstand versprach sich offensichtlich etwas von der Möglichkeit, auch weiterhin extern einkaufen zu können.

Nun musste ich die Kollegen behutsam mit der Tatsache vertraut machen, dass sie sich mit einer Restriktion auseinandersetzen müssen: Sie können die Manager nicht dazu zwingen, ihre Dienstleistung abzurufen! Denn leider besitzen die Mitarbeiter dieser Abteilung kein Angebotsmonopol. Die spannende Frage ist nun, wie man hiermit optimal umgeht. Die Klagen und Beschwerden sind zwar emotional nachvollziehbar, das wird aber die Situation der Abteilung nicht verbessern. Denn was ist das Ziel? Die Abteilung möchte als Experte angesehen werden und zukünftig mehr oder ausschließlich gebucht werden und zwar vor dem Hintergrund, dass die potentiellen Kunden ihren Bedarf auch außerhalb decken können. Die negative Stimmung, die nun aber durch die Klagen und Beschwerden entsteht, ist sicherlich nicht zieldienlich, um das gewünschte Ergebnis zu erreichen.

Ich habe die Abteilung, leicht provokativ, mit einer Frau verglichen, die gerne geheiratet werden möchte. Weil diese Dame jedoch nicht gefragt wird, ist sie sauer. Und eine miesepetrige Frau möchte niemand heiraten! Diese Rückmeldung war sehr wichtig für alle anwesenden Kollegen, denn sie konnten sich nun die Frage stellen, wie man sich als Braut hübsch machen kann: „Vor dem Hintergrund, dass Manager sowieso extern buchen können, was müssen und können wir tun, damit sie stattdessen uns beauftragen?"

Nachdem diese Analyse gefruchtet hatte und eine Erkenntnis gewonnen war, konnte man konstruktiv arbeiten. Die Abteilung entwickelte in atemberaubender Geschwindigkeit Ideen und konkrete Maßnahmen zum „Hübschmachen" der Braut. Bspw. sollte der Intranetauftritt verbessert werden und man plante Kunden direkt anzusprechen und frühere Erfolge besser zu vermarkten. Man spürte die Energie wirklich im Raum. Für mich war es wieder einmal faszinierend mitzuerleben, welche Dynamik entstehen kann, wenn man sich mit seinen Restriktionen versöhnt und diese akzeptiert hat und dann seine volle Aufmerksamkeit auf den optimalen Umgang damit fokussiert.

Dazu möchte ich Ihnen ein weiteres Beispiel anbieten. Im Rahmen eines Einzelcoachings habe ich mit einem Vertriebschef gearbeitet, der von der Qualität der Produkte eines Zulieferbetriebs sehr enttäuscht war. Diese Stoffe mussten jedoch zum Endprodukt weiterverarbeitet werden. Der Vertriebschef hatte bei der Konzernmutter die mangelhafte Qualität moniert und vorgeschlagen, die Lieferverträge zu kündigen und sich einen neuen Lieferanten zu suchen. Dieses Ansinnen wurde jedoch abgelehnt, der Lieferant stünde nicht zur Disposition. Der Vertriebschef hatte all seine Argumentationsfähigkeiten in das Gespräch gelegt und die möglichen Qualitätsfolgen für das Endprodukt sehr deutlich gemacht. Dennoch erhielt er die Absage.

Im Gespräch mit mir wollte er die Ablehnung immer noch nicht wahrhaben. Er verstand einfach nicht, wie man eine derartige Entscheidung treffen konnte. Aber sie war nun einmal getroffen! Die Restriktion war da! Für den Vertriebschef gab es nun nur noch zwei Fragen: Kann ich damit leben und was ist zu tun? Wenn er zu dem Ergebnis kommt, dass er diese Qualität nicht vertreiben will, muss er kündigen. Wenn er aber die Qualitätseinbußen als vertretbar ansieht, gibt es nur noch eine Energierichtung: Wie kann ich das Produkt am besten vertreiben? Jedes weitere Jammern über die schlechte Entscheidung des Mutterkonzerns vermindert die notwendige Energie für seine Hauptaufgabe!

Mir ist durchaus bewusst, dass diese Aussage, gerade wenn Sie von einem Psychologen stammt, herzlos klingen muss. Natürlich „trauern" Menschen, wenn sie eine einschneidende Restriktion erfahren und dieser Prozess ist auch wichtig. Dennoch unterscheiden sich Menschen auch darin, *wie lange* sie in diesem Trauerprozess verhaftet sind!

Die großartige, leider verstorbene Psychiaterin Elisabeth Kübler-Ross analysierte sehr präzise, wie Trauerphasen ablaufen. Sie hat viele Sterbende und ihre Angehörigen begleitet und die nachfolgenden Schritte identifiziert, die ein trauernder Mensch durchläuft. Zunächst einmal liegt eine *Verleugnung* vor. Der mit dem Tod Konfrontierte will nicht wahrhaben, dass es tatsächlich passieren wird. So zweifelt man bspw. die Diagnose an und holt Zweit- und Drittmeinungen ein. Danach kommt die Stufe des *Zorns*. Dieser äußert sich bspw. in Neid gegenüber den anderen, die weiterleben dürfen oder in Zornausbrüchen gegen das Krankenhauspersonal. Die sich anschließende, manchmal kurze Phase der *Verhandlung* drückt manchmal den fast kindlichen Wunsch aus, die Situation doch noch beeinflussen oder kontrollieren zu wollen. Wenn ich mich so verhalte, dann passiert doch noch etwas Positives, könnte man die Überlegung ausdrücken. Danach stellt sich häufig die Phase der *Depression* ein. Tiefe

Niedergeschlagenheit, Verzweiflung und Trauer kennzeichnen diesen Abschnitt. Doch erst in der Phase der *Akzeptanz* empfindet der Trauernde so etwas wie Befreiung. Er hat sein Schicksal angenommen und regelt bspw. seinen Nachlass und verabschiedet sich von den geliebten Menschen. Erst jetzt ist es ihm möglich, mit der Situation umzugehen.

Eine lebensbedrohliche Krankheit ist eine Restriktion. Von daher ist sie mit anderen feststehenden Rahmenbedingungen vergleichbar, auch wenn diese in ihrer Konsequenz weniger dramatisch ausfallen mögen. In allen Businessbeispielen, die ich angeführt habe, weisen die Teilnehmer ähnliche Phasen auf, wie Kübler-Ross sie beschrieben hat. Man möchte nicht *wahrhaben*, dass solch ein Chef weiterhin eine Abteilung führen darf. Man ist *zornig* darüber, dass die Konzernmutter Entscheidungen trifft, die man persönlich nicht nachvollziehen kann usw. All diese Emotionen sind völlig normal und nachvollziehbar.

Wenn Sie jedoch mehr Gelassenheit entwickeln möchten, ist es essentiell, dass Sie schonend mit Ihren Ressourcen umgehen. **Trauer ist in diesem Sinne Energiearbeit!** Im Berufsleben ist es durchaus vorteilhaft, wenn Sie nach dem Erkennen einer Restriktion möglichst schnell in die Phase der Akzeptanz übergehen! Fragen Sie sich reflexartig, wie Sie optimal mit dieser Rahmenbedingung umgehen können!

Ein (Extrem-) Beispiel für die erfolgreiche Frage nach dem optimalen Umgang mit einer Restriktion präsentieren derzeit die Medien: Es handelt sich um Sergeant Ryan Anderson, der in Bagdad im Rahmen von Gefechtshandlungen beide Beine und die linke Hand verlor. Der 27-Jährige verfiel daraufhin jedoch nicht in tiefe Depressionen, sondern „forderte" weiterhin Spaß vom Leben. Heute arbeitet er als Testfahrer für Rollstühle, die er aufgrund seines nach wie vor hohen Energielevels an die Belastungsgrenze bringt. Daraufhin befragt, ob er nicht Selbstmitleid empfinde, antwortet Ryan: „Dinge passieren, man muss nur lernen, mit ihnen umzugehen.". Sergeant Anderson bringt damit den „Geist" dieses Kapitels auf den Punkt! Dennoch hat auch er seine Zeit gebraucht, um sich mit der neuen Situation zu arrangieren.

Es zeigt sich, dass es völlig normal und natürlich ist, eine ungünstige Rahmenbedingung zu „betrauern". Wir haben jedoch auch gesehen, dass es Menschen gibt, die sehr schnell wieder in eine Lösungsorientierung übergehen und sich fragen, wie sie optimal mit der Situation umgehen können. In einigen wenigen Extremfällen liegt sogar eine ausschließliche Lösungsorientierung vor: Man hat den Eindruck, dass auch sehr extreme Rückmeldungen mit einem sofortigen konstruktiven Weiterarbeiten beantwortet werden. Auch hier ist ein Wort der Warnung angebracht, denn wenn Sie den „Trauermodus" quasi konsequent überspringen, hat dies auch Folgen. Oftmals „frisst" sich dann die Trauer in Ihr System und kommt zu den unterschiedlichsten Anlässen wieder an die Oberfläche. Auch dieses Extrem entspricht nicht der ausbalancierten Lotusblüten-Persönlichkeit. In der Balance zwischen Trauer und Lösungsorientierung wird diese zunächst einmal anerkennen, dass die Situation oder Restriktion „negativ" und Leid auslösend ist. Sie wird diese Erkenntnis auch betrauern und sich entsprechende Gedanken erlauben. Dann wird diese Persönlichkeit aber auch merken, wann es genug ist und die Trauerenergie den Weg für konstruktive Lösungen versperrt. In vielen Businessbeispielen liegt die Verantwortung, den Blick in beide Richtungen (Trauer und Lösungsorientierung) zu richten bei der Führungskraft. Sie werden feststellen (oder haben dies schon getan), dass die Basis für ein konstruktives Nach-vorne-schauen manchmal ein behutsames Würdigen von Verletzungen und Leid ist. Wenn das Team unter einer Restriktion sehr gelitten hat, dann ist es essentiell, dass dieses Leid auch angesprochen und gewürdigt wird, bevor man nach Vorne gehen kann.

Auch hierzu möchte ich Ihnen noch ein Beispiel liefern. Ein großer Konzern wollte sich Leitlinien im Rahmen eines Unternehmensleitbildes geben. Leider hatte man schon einmal einen diesbezüglichen Versuch unternommen und das damalige Projekt „endete" in der Schublade. Das früher formulierte Leitbild wurde nicht gelebt und sein ganzer Entstehungsprozess diente auch nicht dazu, Lust auf ein eine Neuauflage zu machen. Die Projektverantwortlichen erkannten, dass diese Erfahrung negativ belegt war und die damals in das Projekt eingebundenen Mitarbeiter das Scheitern als sehr schade empfanden. Die Meinung war also, dass man zunächst einmal „Trauer-"Raum bieten musste, bevor man konstruktiv neu beginnen konnte. Deshalb stellte man in der Empfangshalle eine Gedenkplatte auf. Dort stand dann sinngemäß: „Hier ruht unser altes Leitbild. Die Projektbeteiligten trauern um viele Stunden ihrer Arbeitskraft." Daneben lag ein Kondolenzbuch aus, in dem sich jeder Kollege eintragen konnte. Diese Aktion wurde zwar kontrovers diskutiert, half aber, mit dem alten Leitbild abzuschließen und sich dem neuen Projekt zu öffnen.

Gönnen Sie also sich selbst und auch Ihren Mitarbeitern eine Trauerphase. Wenn Sie jedoch feststellen, dass die Argumente sich im Kreis drehen und die Trauerenergie zunehmend den Weg in positiver Richtung versperrt, müssen Sie handeln. Drücken Sie nochmals aus, dass die Situation Leid auslösend ist, danach sollten Sie jedoch unbedingt auf den optimalen Umgang mit der Situation fokussieren.

Ich möchte Ihnen noch mit einem letzten Gedanken in diesem Kapitel erläutern, warum es sich auch lohnt, sich auf das Positive zu konzentrieren. Ein meines Wissens asiatisches Sprichwort bringt die Logik auf den Punkt: **„Um ein Unglück kümmere dich drei Jahre nicht und es wird zum Segen!"**.

Bei meiner Arbeit als Coach erfahre ich immer wieder derartig überraschende Erkenntnisse. „Als meine Freundin mir damals sagte, dass sie schwanger ist, dachte ich die Welt geht unter.". „Dann hörte ich, dass man mich feuert und ich meine Arbeit verliere. Ich dachte, jetzt ist alles vorbei.". Diese Zitate von Coachees sind typische Beschreibungen von Menschen, die die damalige Restriktion als sehr Leid auslösend erfahren haben. Interessanterweise möchten sie nun, mit einem gewissen zeitlichen Abstand diese Erfahrung nicht nur nicht missen, sondern sie beschreiben diese ganz klar als die Wichtigste in ihrem Leben. Der eine erlebte und erkannte, dass sein Kind ihn von einer drohenden emotionalen „Verrohung" gerettet hat. Der andere realisierte im Nachhinein, dass erst der Verlust des Arbeitsplatzes ihm die nötige Energie beschert hat, sich auf das zu fokussieren, was er wirklich gerne macht. Beide Fälle haben jedoch eines gemeinsam: Auch wenn die Welt zusammenzustürzen drohte, sie haben nicht aufgegeben! Beide Coachees haben weitergemacht und später dann erfahren, dass das vermeintliche Unglück sich in einen Segen gewandelt hat.

Fragen Sie sich also, wofür es gut sein könnte, dass Sie diese Restriktion erfahren. Mit der Perspektive, dass sich eine schlimme Nachricht auch durchaus in etwas sehr Positives umwandeln kann, können wir Restriktionen ebenfalls besser ertragen.

Die folgende Checkliste zeigt den gelassenen Umgang mit Restriktionen nochmals auf.

Checkliste: Gelassener Umgang mit Restriktionen

- Prüfen Sie bitte im ersten Schritt, ob es sich tatsächlich um eine Restriktion handelt oder ob Sie das Ergebnis eventuell direkt beeinflussen können. Die Auftragsklärungsfragen, die in diesem Kapitel vorgestellt wurden, helfen Ihnen hierbei.

- Fragen Sie sich (nach einer angemessenen Trauerphase), wie Sie vermeintlich optimal mit der Rahmenbedingung umgehen können. Fragen Sie sich ebenso, wofür der Umgang mit der Restriktion für Sie selbst (in einem zeitlichen Abstand) gut sein könnte. Was ist das „Lernpotential" aus dieser Restriktion?

- Falls diese Rahmenbedingungen wiederum Auswirkungen auf andere haben (bspw. Mitarbeiter, Kunden usw.), so sollten sie diese aussprechen. Es hat einen großen Effekt auf Ihre Gelassenheit, wenn Sie Restriktionen auch tatsächlich formulieren: „Ich würde ja gerne unterstützen, aber mir sind aufgrund von (*Restriktion*) leider die Hände gebunden" könnte eine Formulierung sein, mit deren Hilfe Sie noch gelassener agieren können.

Entspannt mit der Zeit umgehen

Kann man Zeit managen? Streng genommen: Nein! Am letzten Kapitel anknüpfend, könnte man sagen, dass Zeit eine Restriktion ist. Wir verfügen über 24 Stunden am Tag abzüglich der notwendigen Ruhezeit. Dies ist so und lässt sich abgesehen von der Umstellung auf Sommer- bzw. Winterzeit auch nicht oder marginal ändern. Wenn es sich bei der Zeit jedoch um eine Restriktion handelt, so haben wir im letzten Kapitel gelernt, muss die Frage lauten: „Wie kann ich optimal damit umgehen?".

Menschen unterscheiden sich nach meiner Erfahrung sehr darin, wie sie den optimalen Umgang mit Zeit definieren. Dies ist nicht weiter verwunderlich, da wir im Rahmen dieses Buches bereits einige grundlegende Unterscheidungen kennen gelernt haben (Glaubenssätze, Antreiber und generelle Persönlichkeitsmerkmale). Im besten Fall ist unsere Zeitnutzung stimmig zu unseren Antreibern und persönlichen Vorlieben. Dieser beste Fall schließt jedoch noch eine weitere Bedingung ein, die wir ebenfalls bereits kennen gelernt haben: die Antreiber müssen auf *Zieldienlichkeit* in der jeweiligen Situation geprüft werden! Eine optimale Zeitnutzung bedeutet in diesem Sinne, dass uns bewusst ist, was uns wichtig ist und dass wir die hieraus resultierende Priorisierung auch immer wieder auf aktuelle Zieldienlichkeit hin geprüft haben.

Meiner Erfahrung nach geschieht dies jedoch in den wenigsten Fällen. Am häufigsten dominiert ein wesentlicher Antreiber auch die entsprechende Zeitnutzung und zwar unabhängig davon, was in der konkreten Situation gefordert ist. Erinnern Sie sich noch an den Holzfäller, der keine Zeit hatte, seine Säge zu schärfen? Natürlich hätte er Zeit hierfür gehabt (und zwar unbegrenzt bis zu seinem Ableben), er fühlte sich jedoch nicht wohl, dies zu tun und damit seine Arbeit zu unterbrechen. Seine Antreiber Sei-schnell und Streng-dich-an waren so dominant, dass er sich unwohl gefühlt hätte, diese zu „hintergehen", auch wenn die Situation dies erforderte. Ein effektives Zeitmanagement bedeutet in diesem Sinne erst einmal eines: effektives Selbstmanagement!

Die folgende Geschichte illustriert dies sehr schön. Ein Zeitmanagementexperte sollte an der Universität einen Vortrag zu seinem Spezialgebiet halten. Zu Illustrationszwecken nutze er einen Eimer, in den er nach und nach große Steine legte. Nach einiger Zeit war der Eimer bis zum Deckelrand gefüllt. Der Vortragende fragte die anwesenden

Stundenten, ob der Eimer nun voll sei. Die meisten Stundenten bestätigten dies. Der Zeitmanagementexperte verneinte jedoch, griff unter das Rednerpult und holte einen weiteren Eimer mit Kieselsteinen, die er jeweils in die Zwischenräume der großen Steine im ersten Eimer füllte. Nachdem diese ebenfalls den Rand erreicht hatten, fragte er erneut, ob der Eimer nun voll sei. Die Studenten hatten offensichtlich etwas aus der ersten Vorführung gelernt und verneinten. Bestätigend füllte der Zeitmanagementexperte noch Sand und später Wasser in die jeweiligen Zwischenräume des Eimers. Am Ende stellte er die zentrale Frage: „Was können wir hieraus lernen?". Ein Student meldete sich und sagte: „Egal wie voll dein Terminkalender auch ist, du kannst immer noch einen Termin dazwischen quetschen"! Dies war jedoch nicht die Botschaft, die der Experte vermitteln wollte. Seine Erklärung lautete: „Wenn du die großen Steine nicht zu Beginn in den Eimer füllst, hast du nur Wasser und Sand, also Schlamm!"

Diese Geschichte zeigt uns, dass die Priorisierung unserer Aktivitäten wesentlich ist; dadurch fokussieren wir nicht nur unsere Bemühungen ressourcenorientiert auf das Wichtige, sondern verlassen darüber hinaus auch noch die „Opferrolle". Diese Einstellung, dass man eben keinen Einfluss auf die Zeitnutzung hat, sondern dass man ganz im Gegenteil von den Unständen beherrscht wird, ist natürlich ein wesentliches Hindernis für Gelassenheit.

Wichtig ist es, festzustellen, wie viel Gestaltungs- und Kontrollmöglichkeiten es tatsächlich gibt. Ich möchte Ihnen zwei Beispielzitate aus Coachings geben: „Ich habe keine Zeit für Sport." und „Meine Gesundheit ist wichtig. Nicht nur für mich, sondern für den ganzen Laden hier, also auch für meine Mitarbeiter. Wenn es mir gut geht, geht es allen gut. Deshalb habe ich einen festen Termin jeden Tag von 15.00 bis 16.00 Uhr. Da heißt es Joggen!"

Die erste Aussage zeigt eine typische „Opferhaltung", denn der Coachee beschreibt sich als Opfer der Umstände. Diese Umstände erlauben es ihm nicht oder nicht ausreichend, Sport zu treiben. Im Bild der Geschichte des Zeitmanagementexperten, die wir gerade gehört haben, könnte man jedoch auch sagen, dass Sport keinen großen „Stein" in seinem Eimer darstellt. Andere Dinge werden eventuell als wichtiger angesehen oder er arbeitet nach dem Prinzip, dass das, was zuerst kommt auch zuerst erledigt wird und lässt seinen ganzen Tagesablauf von den direkt auftretenden Anforderungen diktieren. Falls die übrigen Tätigkeiten tatsächlich wichtiger sind und diese Priorisierung aktiv getroffen wurde, dann wäre das Ergebnis auch in der Tat in Ordnung. In den allermeisten Fällen, die ich erleben durfte, handelte es sich jedoch nicht um eine reflektierte, analytische Überlegung, die in einer bestimmten Zeitnutzung resultierte. Insofern kann man hinsichtlich des ersten Zitats von einem „Opfer" sprechen, das eigentlich gerne anders handeln würde oder sich mehr Zeit wünscht, die Umstände jedoch leider ungünstig sind.

Der zweite Coachee zeigt eine ganz andere Einstellung und Reflexion. Er hat sich bewusst dazu entschieden, seine Gesundheit nicht nur als wichtig anzusehen, sondern diese sogar als Grundlage für das Weiterbestehen seines erfolgreichen Geschäfts zu verstehen. Diese Führungskraft handelt als Akteur und „Bestimmender" seiner Zeit. Natürlich bedeutet dies auch, dass er bei bestimmten Anfragen ein klares „Nein" formulieren muss. Für stark harmonieorientierte Menschen stellt dies zunächst ein Problem dar. Wenn sie jedoch lange und schmerzhaft genug investiert haben, kommen auch sie zu dem Schluss, dass der erste Schritt eines effizienten Zeitmanagements der ist, Nein zu sagen. Natürlich geht dies nicht überall, wenngleich man viel häufiger ablehnen könnte, als man denkt.

Dazu ein kurzer autobiographischer Exkurs. Eines Morgens hatte ich ein extremes Schwindelgefühl und Gleichgewichtsstörungen. Da ich an diesem Tag ein wichtiges Meeting moderieren musste, fuhr ich dennoch zur Arbeit. Ein Kollege von mir, der sich eine Zeitlang mein „Torkeln" angeschaut hatte, schickte mich zu dem damaligen Betriebsarzt. Nachdem dieser bei mir eine „Fallneigung" nach links festgestellt hatte, eröffnete mir der Arzt, dass ich mich „auf mehrere Tage Diagnostik" einstellen solle. Als schlimmste, denkbare Ursache für meine Gleichgewichtsstörungen gab er auf Nachfrage eine Durchblutungsstörung im Gehirn an, was bei mir das Bild eines Tumors hervorrief. Auch wenn sich (leider erst nach Tagen) herausstellte, dass es sich um keine lebensbedrohliche Krankheit handelte, waren meine neuen Prioritäten für mich sehr überraschend. Da es sich, wie bereits erwähnt, um einen sehr wichtigen Moderationstermin handelte und hierfür viele Teilnehmer angereist waren, hätte ich mir im Vorfeld keinen Grund vorstellen können, nicht anwesend zu sein. Jedoch aufgrund der neuen Informationslage, fiel es mir unglaublich leicht, zu meiner damaligen Chefin zu gehen, sie zu informieren und mich für die notwendigen Untersuchungen zu verabschieden. Meine Prioritäten hatten sich innerhalb von Sekunden komplett verändert. Ich versuche mich so oft es geht an diese Erkenntnis und das damit verbundene Gefühl zu erinnern und stelle mir dann gerne die Frage, ob ich das, was ich heute für so unglaublich wichtig halte, aus der damaligen Perspektive auch nur annähernd als bemerkenswert ansehen würde. Oftmals lassen sich so Bedenken und Sorgen extrem reduzieren.

Wie Sie sehen, können sich Prioritäten recht schnell verändern. Lassen Sie uns einmal gemeinsam Ihre (gefühlten) verbindlichen Termine analysieren.

Was sind Ihre Zeitrestriktionen?

Bitte erinnern Sie sich an die Führungskraft, die ich im Kapitel „Wohlfühl-Übungen" bereits skizziert habe. Der Mann hat nach einem Herzinfarkt seine bisherige Situation und die Aufgaben, in denen er verhaftet war, überdacht. Es hatten sich im Laufe der Zeit einige Rollen angesammelt: So war er in erster Linie Ehemann und Vater, direkt danach Abteilungsleiter in einem großen Konzern. Daneben engagierte er sich noch bei der freiwilligen Feuerwehr und als Elternsprecher an der Schule der Kinder. Die vielen übrigen, aktuellen Anforderungen des Lebens möchte ich einmal außen vor lassen. Konzentrieren wir uns auf die erstgenannten Rollen: Vater und Ehemann, Führungskraft, Feuerwehrmann und Elternsprecher. Es liegt auf der Hand, dass man unheimlich viel Energie benötigt, diese Aufgaben auszufüllen. Wenn dann noch ein Mach-es-perfekt-Antreiber vorhanden ist, wird der Körper mit einer unmenschlichen Belastung konfrontiert. In seinem Fall hat eben dieser Körper dann auch die Bremse gezogen und mittels eines Herzinfarktes das klare Signal „So geht es nicht weiter" ausgesandt. Dieses Signal wurde gehört: Der Mann hat noch im Krankenhaus eine Priorisierung seiner Rollen durchgeführt. Er fragte sich, welche seiner Aufgaben verzichtbar sind und was ihm tatsächlich wichtig ist. Als Konsequenz reduzierte er seine ehrenamtlichen Tätigkeiten auf ein Minimum und fokussierte sich auf die Vater- und Führungsrolle. Letztere veränderte sich ebenfalls: Der bereits erwähnte Mach-es-perfekt-Antreiber wurde etwas „aufgeweicht". Der Mann entdeckte, dass es nicht bei jeder Aufgabe zieldienlich ist, die volle Energie zu investieren. Natürlich erlebt man hierbei auch Ängste (meistens macht *Loslassen* Angst), dennoch war er von den neuen Ergebnissen mehr als positiv überrascht. Der Mann realisierte, dass man mit erheblich weniger Aufwand und Kontrolle ähnlich gute Resultate erzielen kann.

Wir werden die vorhandenen Antreiber gleich noch eingehender beleuchten. Vorher möchte ich Sie bitten, zu überlegen, in welchen Rollen Sie agieren und diese zu priorisieren.

> **Übung: In welchen Rollen sind Sie aktiv?**
> Stellen Sie eine Liste der Rollen auf, in denen Sie aktiv sind. Identifizieren Sie anhand von Schätzungen die Zeitanteile, die Sie benötigen, um diese Rollen auszufüllen. Fragen Sie sich im Anschluss, wie wichtig Ihnen diese Rollen sind und was passieren würde, wenn Sie bspw. die am wenigsten wichtigen aufgeben würden.

Nachdem Sie diese Übung absolviert haben, kann es sein, dass Sie zwar eine weniger wichtige Rolle erkannt haben, es Ihnen jedoch dennoch sehr schwer fällt, sich von dieser zu trennen. Um mit dieser Anforderung adäquat umgehen zu können, benötigen Sie den nächsten Analyseschritt!

Entdecken Sie Ihre Zeit-Motive

Nun sollten Sie das Modell Ihrer inneren Stimmen, das Sie in Kapitel „Entscheidungen gelassen treffen" kennen gelernt haben, wieder an die „Oberfläche" holen! Bleiben wir bei dem Beispiel der Führungskraft, die nach dem Herzinfarkt sehr konsequent alle Rollen analysiert und auf die wichtigsten reduziert hat. Diese Radikalkur hat in diesem Fall offensichtlich gut funktioniert. Aus meiner Coachingerfahrung kann ich allerdings sagen, dass derartige Schnellentscheidungen auch eine Konsequenz haben. Lassen Sie uns einmal gemeinsam vermuten, welche inneren Stimmen die Führungskraft zu den verschiedenen (Zeit-) Aufgaben geführt haben. Beispielhaft exerzieren wir dies an seiner Tätigkeit in der freiwilligen Feuerwehr. Was denken Sie, hat ihn dazu veranlasst, hier eine tragende Rolle zu übernehmen? Welche inneren Stimmen haben was geäußert? An dieser Stelle können wir natürlich nur Vermutungen anstellen, dennoch werden Sie sehen, dass diese Analyse wesentlich ist, wenn man sich schonend von bestimmten Zeitaufgaben trennen möchte.

Meine Vermutungen bzgl. der vorwiegenden Zeit-Motive in diesem Fall gehen in zwei Richtungen: Zum einen bietet die Arbeit in der freiwilligen Feuerwehr natürlich eine Anerkennung insofern, als dass man einen Dienst an der Gesellschaft leistet. Diese Arbeit ist in der Gemeinde hoch anerkannt und man hat einfach das gute Gefühl, etwas „beizutragen". Eine innere Stimme bzw. ein Motiv, das hierzu passen könnte ist also „Leiste einen Beitrag für die Gemeinschaft" oder auch „Engagiere dich sozial".

Ein weiteres Motiv, das die hohe zeitliche Belastung auch erklären könnte, wäre die gelebte Kameradschaft unter den Feuerwehrkollegen. Die Arbeit zeichnet sich ja gerade dadurch aus, dass man sich auf den jeweilig anderen verlassen können muss und dies sorgt für sehr intensive Beziehungen. Insofern könnte man den hohen zeitlichen Aufwand auch damit erklären, dass man im Gegenzug Kameradschaft erfährt.

Die Grundidee ist also diese: Prüfen Sie zunächst einmal, warum Sie vermutlich Zeit in ein Vorhaben investieren, welche inneren Stimmen damit befriedigt werden. Versuchen Sie, diese Stimmen möglichst deutlich sprechen zu lassen, so dass Sie an den Kern der eigentlichen Motive herankommen. Seien Sie hier unbedingt ehrlich mit sich selbst: „Ich mache das, um anderen zu gefallen und Anerkennung zu bekommen" wäre ein Beispiel für eine ehrliche, aber eben auch eventuell nicht sonderlich anerkennenswerte Motivation, weil sich wahrscheinlich niemand gerne eingesteht, dass er aus „niedrigen" Beweggründen handelt. Sie sollen aber in diesem Analyseschritt auch niemand anderem gefallen, sondern eine realistische Einschätzung erarbeiten, was die eigentlichen Motive dafür sind, dass Sie so hohe zeitliche Belastungen auf sich nehmen.

Wenn Sie nun eine gute Idee Ihrer Motive entwickelt haben, gilt auch hier die Debatte der inneren Stimmen, die Sie ja schon im Kapitel „Entscheidungen gelassen treffen" kennen gelernt haben.

In unserem Beispiel unterstellen wir der Führungskraft einfach einmal das Leiste-einen-Beitrag-für-die-Gesellschaft-Motiv. Nun geht es wiederum nicht um Schwarz oder Weiß, also um die tägliche harte Arbeit bei der freiwilligen Feuerwehr oder das sofortige Beenden des Engagements, sondern um eine Lösung, die zwar den Aufwand minimiert, die jeweiligen Motive aber möglichst auch deckt. Die Führungskraft hätte also eine innere Debatte führen können, bei der mindestens zwei Stimmen beteiligt gewesen wären: auf der einen Seite hätte die Leiste-einen-Beitrag-Stimme ihre Verwirklichung gefordert, während auf der anderen Seite die Reduziere-deine-Aktivitäten-Stimme ebenfalls zu Wort hätte kommen wollen. Die Debattenfrage liegt auf der Hand: „Wie kann ich meine Aktivitäten reduzieren und immer noch einen Beitrag leisten?".

Eventuell hätte die Führungskraft bei dieser Analyse ihre Aufgaben nicht radikal reduziert und abgegeben, sondern eine schonende Eingrenzung und Umwandlung vorgenommen. Aus meiner Erfahrung macht dieses Nachdenken viel Sinn, da das radikale Ablegen von Tätigkeiten oftmals auch negative Auswirkungen hat: Wir haben zwar viel mehr Zeit, unsere Motive werden so aber nicht mehr befriedigt. Diese Situation trägt langfristig auch nicht zur Zufriedenheit und Gelassenheit bei. Man kann sich meines Erachtens nicht quasi über Nacht von einem gemeinschaftsorientierten Menschen zu einem Mir-doch-egal-Typen entwickeln, ohne eine Frustration und ein Mangelgefühl zu erleben. Die folgende Checkliste fasst die notwendigen Schritte für eine Reduktion der „Nebenaktivitäten" nochmals zusammen.

Checkliste: Analyse und ggf. Reduktion der Zeitaktivitäten

- Nutzen Sie die „Rollenliste", die Sie bereits erstellt haben.
- Danach sollten Sie selbstkritisch die jeweiligen Motive, die für das Ergreifen dieser Tätigkeiten vermutlich ausschlaggebend waren, identifizieren.
- Lassen Sie die dazugehörigen inneren Stimmen „laut" werden und debattieren.
- Falls Sie zu dem Entschluss kommen, eine Aktivität zu reduzieren, fragen Sie sich, wie Sie Ihr Motiv vor dem Hintergrund der zeitlichen Einschränkung dennoch befriedigen können!

Zeitfallen und weitere Strategien

Wir haben gerade eine der wichtigsten Gelassenheitstechniken für die Optimierung der eigenen Zeit kennen gelernt: Nein sagen! Wenn wir es schaffen, unsere Aktivitäten motivorientiert zu analysieren, gibt uns das auch die Möglichkeit, diese zu priorisieren und sich ggf. zu „verabschieden". Bereits eine minimale Reduktion der Aktivitäten zieht eine große Gelassenheitsauswirkung nach sich! Die folgenden Überlegungen beziehen sich mehr auf operative Aufgaben, die im Job entstehen. Viele meiner Coachees sind zunächst einmal irritiert, wenn ich sie mit der Grundidee der Eisenhower-Matrix vertraut mache. Diese Unterscheidung in „dringend" bzw. „nicht dringend" und „wichtig" bzw. „nicht wichtig" geht zurück auf Dwight. D. Eisenhower, den 34. Präsidenten der Vereinigten Staaten, der dieses Prinzip angewandt und auch gelehrt hat. Die Irritation rührt daher, dass viele dringend mit wichtig und umgekehrt verbinden und eine Trennung dieser Begriffe zunächst einmal intuitiv auf Ablehnung stößt. „Was wichtig ist, ist auch gleichzeitig dringend!" beschreibt diese Idee. Das muss so nicht stimmen! Schauen wir uns einmal die folgende Abbildung und die darin enthaltenen Beispiele an.

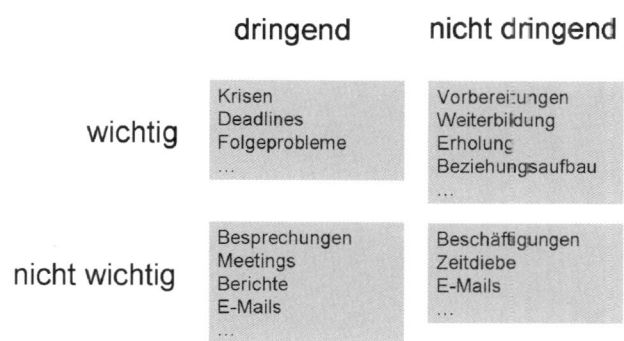

	dringend	nicht dringend
wichtig	Krisen Deadlines Folgeprobleme ...	Vorbereitungen Weiterbildung Erholung Beziehungsaufbau ...
nicht wichtig	Besprechungen Meetings Berichte E-Mails ...	Beschäftigungen Zeitdiebe E-Mails ...

Abbildung 14: Eisenhower-Matrix

Natürlich ist anzumerken, dass es sich lediglich um Beispiele handelt, die mit Leben gefüllt werden müssen. Nicht jede Besprechung ist dringend, aber nicht wichtig! Leider gibt es jedoch auch einige dieser Sorte. Die Beispiele zeigen allerdings auch, dass es Aktivitäten gibt, die zwar wichtig, aber nicht dringend sind, wie bspw. Weiterbildung oder Beziehungsaufbau. Die Realität zeigt, dass diese Themen, eben gerade weil sie keine Deadline aufweisen auch sehr „gefährdet" sind. Man vergisst schlicht, die Umsetzung voranzutreiben, weil eben alles andere als vermeintlich wichtiger eingestuft wird.

Prüfen Sie also zunächst, welcher der obigen Kategorien eine Aktion zugeordnet werden kann. Als zweiter Schritt bieten sich die ursprünglichen Empfehlungen der Eisenhower-Matrix unverändert an: Wichtige und dringende Angelegenheiten sollten Sie selbst direkt bearbeiten. Wichtige aber nicht dringende Aufgaben sollten Sie ebenfalls persönlich angehen. Erleichtert wird dies, indem Sie mit exakten Terminierungen arbeiten und eventuell Teilschritte bis zum Abschluss hin festlegen. Da diese Aufgaben gerne aufgeschoben und dann doch nicht erledigt werden, ist es umso wichtiger, dass Sie mit konkreten Terminen arbeiten und sich auch an diese halten. Dringende aber nicht wirklich wichtige Aufgaben können an kompetente Mitarbeiter bzw.

Dienstleister delegiert werden. Zum guten Schluss sollten unwichtige und nicht dringende Angelegenheiten auf direktem Wege in den Papierkorb befördert werden. Hier noch eine Anmerkung: Viele betätigen sich immer noch als Jäger und Sammler und können damit ihre historische Abstammung schwer leugnen. „Es könnte ja noch einmal nützlich sein" wird als Begründung für das Horten von (noch) nicht nützlichen Informationen angeführt. Im Zeitalter des Internets wird diese Motivation jedoch eher zur Belastung als zum Gewinn; man muss Informationen ablegen und ordnen. Dies kostet schlicht Zeit und Energie. Verlassen Sie sich darauf, dass Sie die gleichen Informationen sehr schnell per Mausklick wieder generieren können. Maximal sollten Sie ein Notizbuch führen, indem Sie auf verschiedene Kategorien verteilt, nützliche Namen, Adressen oder auch Webseiten vermerken. Für den Fall, dass die Information doch nützlich werden sollte, können Sie schnell und zielorientiert auf die Inhalte zugreifen.

Exkurs: „Zeitdiebe" in der Führung

Es ist auffällig und verständlich, dass viele neu ernannte Führungskräfte noch sehr verhaftet in ihrem alten „Muster" sind. Sie wurden in den allermeisten Fällen zum Vorgesetzten ernannt, weil sie sehr gute Fachexperten waren. Diese Expertise führt nun allerdings oft zu Konflikten in der neuen Position, wenn sie weiterhin ihren Mitarbeitern genau vorschreiben, *wie* eine Aufgabe erledigt werden sollte. Die Merkregel für das Thema Führung gilt:
Sie sind als Führungskraft verantwortlich für ein Ziel, nicht jedoch für den Weg dorthin!

Wenn neu ernannte Chefs jedoch auch weiterhin den Weg detailliert vorschreiben, so hat dies zwei Effekte: Die Mitarbeiter fühlen sich entmündigt und (über-)kontrolliert und die Führungskraft reibt sich auf, weil sie sehr stark in das operative Geschäft involviert ist. Der nachfolgende Führungs-(zeit-)tipp zeigt eine Lösung.

> **Tipp: Erbitten Sie Vorschläge**
>
> Natürlich sollten Sie für Ihre Mitarbeiter erreichbar und ansprechbar für Fragen und Probleme sein. Führen Sie sich aber bitte auch vor Augen, dass Sie für das Ziel und nicht für den Weg zuständig sind. Deshalb bieten Sie bei Problemen an als „Sparringspartner" zur Verfügung zu stehen, verlangen aber im Gegenzug auch einen Vorschlag des Mitarbeiters, wie man das Problem vermutlich lösen kann. Sie werden feststellen, dass diese Vorgehensweise enormes Potential zur Zeitersparnis beinhaltet, weil die Mitarbeiter zunehmend selbstbestimmter handeln (dürfen) und Sie mit immer weniger Anfragen in Beschlag genommen werden!

Im Zusammenhang mit dem Thema Erreichbarkeit, höre ich oftmals eine weit verbreitete Aussage unter Führungskräften: „Ich habe immer eine offene Tür für meine Mitarbeiter!". In den Fällen, in denen dies tatsächlich so ist, muss ich eine Warnung aussprechen. Was bedeutet die Aussage, dass man immer ansprechbar ist, wenn man diese an unserer Geschichte mit dem Zeitmanagementexperten und seinen Steinen spiegelt? Wenn man immer für alle Zeit hat, so sind alle anderen die „großen" Steine und haben somit Priorität. Und wo bleibt dann der Chef? Sollten die Arbeitsfähigkeit und sein Recht, Prioritäten festzulegen, nicht absolut vorrangig sein? Natürlich ist dem so und das bedeutet, dass man eben nicht immer eine offene Tür haben kann!

Man sollte stattdessen einen klaren (eventuell auch deutlich sichtbaren) Hinweis anbringen, wenn man eben nicht gestört werden möchte. Es gibt immer wieder Aufgaben, die Ruhe und ein möglichst störungsfreies Arbeiten benötigen, weil die Konsequenz der Unterbrechung eine unverhältnismäßige Verzögerung der Aufgabenerledigung nach sich ziehen würde. Ich habe mit vielen Führungskräften gearbeitet, die eine hohe Aufgabenorientierung haben und die neu auftretenden Aufgaben immer möglichst sofort erledigen wollten. Dies führt meistens zum Chaos, weil man von einem „Feuer" zum anderen springt und mal hier und mal da zu löschen beginnt. Eine kurze, ruhige Analyse z. B. nach der Eisenhower-Matrix kann hier Wunder in puncto Gelassenheit wirken.

Um jedoch die Eisenhower-Matrix wirklich zielorientiert einsetzen zu können, bedarf es oftmals noch einer Vorgehensweise, die wir bereits im Kapitel über Restriktionen kennen gelernt haben: der Auftragsklärung. Führungskräfte (und auch Mitarbeiter ohne Führungsverantwortung) wissen oftmals schlicht nicht, ob es sich um einen wichtigen oder dringenden Auftrag handelt, weil sie nicht nachgefragt haben!
Ich erlebe es immer wieder in meinen Coachings, wenn ich im Rahmen eines „Live-Tages" z. B. beim Telefonieren zuhöre, dass Aufträge sofort angenommen und abgearbeitet werden. Selten wird nach einer Terminierung gefragt. „Bis wann brauchen Sie es denn?" wäre schon ein guter Anfang. Viele meiner Coachees behaupten, dass es bei ihrem Chef *immer* dringend und wichtig ist. Ich bezweifle das. In Wahrheit könnte man viel öfters verhandeln, als man denkt. Gerade wenn Sie Restriktionen festgestellt haben (Unterbesetzung, andere dringende und wichtige Aufgaben usw.), kann man diese auch formulieren und entweder eine Neuaussage des Chefs bzgl. des Erledigungstermins oder zusätzliche Ressourcen erhalten.

Zurück zu den allgemeinen „Zeitdieben": Eine unter Umständen sehr zeitintensive Beschäftigung ist es, sich Sorgen und Beschwerden von anderen anzuhören. Ich habe ganz zu Beginn dieses Buches bereits die Situation der Dreieckskommunikation angeführt. Wenn andere sich bei Ihnen über Dritte beschweren, so sollten Sie als ausbalancierte Lotusblüten-Persönlichkeit den Weg der wertschätzenden Abgrenzung gehen. Dies geschieht jedoch nicht nur, um sich neutral zu halten, sondern hat noch den wichtigen Nebeneffekt der Zeiteinsparung! Sie haben schon genug mit eigenen Konflikten zu tun, so dass Sie sich nicht notwendigerweise noch um die von anderen Personen kümmern müssen! Lernen Sie unbedingt zu unterscheiden, ob der andere bei Ihnen nur Dampf ablassen möchte oder ob er tatsächlich eine wie auch immer geartete Unterstützung anstrebt. Erneut gilt auch hier: Klären Sie Ihren Auftrag! Die folgende Checkliste fasst den gelassenen Umgang mit der Restriktion Zeit nochmals zusammen.

Checkliste: Gelassener Umgang mit der Zeitrestriktion

- Analysieren Sie zunächst, in welchen Rollen Sie agieren und welche Zeitkontingente damit verbunden sird (Woche / Monat).
- Finden Sie dann die damit verbundenen Zeit-Motive heraus.
- Falls Sie eine „Rolle" reduzieren oder ablegen möchten, sollten Sie das innere Teilemodell bemühen und eine integrative Lösung Ihrer inneren Stimmen anstreben.
- Bei den alltäglichen Aufgaben macht es Sinn, die Eisenhower-Matrix zu bemühen. Doch auch hier ist eine Analyse gefragt, zumindest in den Dimensionen dringend und wichtig.
- Um diese Informationen zu erhalten, ist oftmals eine tiefer gehende Auftragsklärung notwendig, die Sie unbedingt immer durchführen sollten.
- Machen Sie unbedingt Zwischentermine für wichtige, aber nicht dringende Aufgaben, weil diese in der Hektik des operativen Geschäfts oft vernachlässigt werden.
- Analysieren Sie unbedingt das Motiv hinter dem Versuch, Sie in eine Dreieckskommunikation einzubeziehen. Wenn Sie zur Auffassung gelangen, dass jemand nur Dampf ablassen möchte, so lassen Sie diesen wertschätzend „abperlen".
- Für Führungskräfte gilt: Erbitten Sie Vorschläge von Seiten der Mitarbeiter, wie man vermutlich die vorliegenden Probleme lösen kann und machen Sie ebenfalls deutlich, dass auch Sie störungsfreie Zeiten benötigen.

Der größte „Prüfstein" für Gelassenheit: Beziehungen

Der Fernsehheld meiner Jugend, Al Bundy alias Ed O´Neill, hat sein Versagen als Mann, Vater und Schuhverkäufer einmal sehr eindrucksvoll auf seine Ehe bzw. Beziehung zurückgeführt. Von ihm stammt dieses sehr reflektierte Zitat: „Hinter jedem erfolgreichen Mann steht eine Frau, die mich nicht geheiratet hat!".

Neben einer gelungenen Anklage in Richtung seiner Ehefrau, hat Al uns noch eine wichtige Erkenntnis geschenkt. Beziehungen haben eine direkte oder indirekte Auswirkung auf unseren Erfolg und unsere Gelassenheit! Wenn es zu Leistungsabfällen oder krankheitsbedingten Fehlzeiten im Job kommt, steckt bei näherer Analyse auch oft ein Beziehungsproblem „unter" der sichtbaren Oberfläche. Für Führungskräfte ist es in derartigen Situationen sehr anspruchsvoll, dem Mitarbeiter gegenüber die Balance zwischen Unterstützungsangebot und „Insistieren" zu finden. Sie wissen oftmals nicht, ob der Aussage „Alles in Ordnung" Glauben geschenkt werden kann, wenn man auf der anderen Seite wahrnimmt, dass der Mitarbeiter sich verändert und zu leiden scheint.

Ich möchte im Folgenden den Begriff Beziehung etwas weiter definieren. Natürlich fällt uns als Erstes die Beziehung zum Lebenspartner bzw. zur Lebenspartnerin ein. Diese habe ich in zwei Unterkapitel aufgeteilt: zum einen, wie man einen geeigneten Partner findet und zum anderen, wie man sich als Paar ergänzt und sein Gegenüber wertschätzt. Falls Sie bereits in der Gelassenheit förderlichen Lage sind, glücklich liiert zu sein, können Sie das entsprechende Kapitel natürlich überspringen oder die wissenschaftlichen Kriterien, die hierfür erfüllt sein sollten, auch rein aus Interesse nachlesen.

Daneben spielt die Beziehungsgestaltung zu unserem Netzwerk oder neudeutsch „System" jedoch auch eine sehr wichtige Rolle. Last but not least, möchte ich im dritten Teil dieses Kapitels noch eine andere, für die eigene Gelassenheit äußerst wichtige Beziehung ansprechen: die Beziehung zum „schnöden Mammon".

Die Beziehung zum Lebenspartner

Das Eingangszitat von Al Bundy kann uns hier maßgeblich den Weg weisen. Um Gelassenheit im Job entwickeln zu können, bedarf es ein Mindestmaß an Unterstützung aus der Partnerschaft heraus. Oder anders formuliert: häusliche Probleme machen an der Firmentür nicht halt. Bevor wir uns jedoch den bestehenden Partnerschaften widmen, sollten wir einen kurzen Blick darauf werfen, wie wir überhaupt unsere Partner auswählen. Wie bereits in der Einleitung angesprochen, ist dieses Unterkapitel für bereits glücklich liierte Paare verzichtbar.

Gelassenheit durch die „richtige" Partnerwahl

Es gibt zwei „Bauernregeln", die die Wahl des Partners näher charakterisieren: „Gleich und gleich gesellt sich gern" und „Gegensätze ziehen sich an". Interessanterweise hat die Wissenschaft für beide Hypothesen Belege gefunden.

Die US-Wissenschaftler Peter Buston und Stephen Emlen von der Universität von Kalifornien haben knapp 1.000 Männer und Frauen zu den Eigenschaften befragt, die ihnen in Partnerschaften wichtig sind. Begleitet wurde diese Befragung von einer Erhebung derjenigen Eigenschaften, die einem an einem selbst wichtig sind. Das Ergebnis legte nahe, dass sich Männer und Frauen darin einig sind, dass Eigenschaften, die einem an sich selbst wichtig sind, auch vom Partner erwartet werden. Beispielsweise wird die Partnerwahl von Ähnlichkeiten in Alter, Bildung, IQ, Schichtzugehörigkeit, sozialer Einstellung und sogar dem Grad an Lebenszufriedenheit stark geprägt. Diese Studie wurde als Beleg für die Hypothese „Gleich und gleich gesellt sich gern" angesehen. Offensichtlich muss ein Mindestmaß an Übereinstimmung zum Partner vorliegen, damit wir uns vorstellen können, mit ihm zusammenzubleiben. Diese Ergebnisse werden auch von der allgemeinen Wahrnehmung gestützt, dass wahrgenommene Ähnlichkeit die Sympathie erhöht, wie wir bereits im Kapitel „Welcher (Ärger-) Typ sind Sie oder Ihr Gegenüber?" festgestellt haben.

Demgegenüber gibt es natürlich noch die Aussage: „Gegensätze ziehen sich an". Wie kann man dies mit wissenschaftlichen Ergebnissen in Einklang bringen?

Die kanadische Psychologin Lisa DeBruine von der Mc Master Universität hat ein interessantes Experiment durchgeführt. 112 Teilnehmer sollten die Attraktivität von Gesichtern beurteilen. Was die Teilnehmer nicht wussten, war, dass die Bilder teilweise digital bearbeitet wurden und zwar in der Form, dass einige dem Aussehen des Betrachters angeglichen wurden. Die Teilnehmer sahen so also fremde Frauen und Männer und sollten deren Attraktivität beurteilen; eine bestimmte Anzahl von Bildern war aber so verändert, dass sie eine große Ähnlichkeit zu den Teilnehmern des Experiments aufwiesen. Man beurteilte also ein Stück weit die eigene Attraktivität im fremden Gesicht. Das Ergebnis war recht eindeutig. Während Gesichter des eigenen Geschlechts, die einem ähneln, als sehr attraktiv eingestuft wurden, gab es diesen Effekt beim anderen Geschlecht nicht. Das bedeutet, dass beispielsweise eine Frau, die ein Frauengesicht bewerten soll, das eine Ähnlichkeit zur Betrachterin aufweist, dieses als attraktiv einstuft. Die gleiche Teilnehmerin würde jedoch einen Mann, der ihr ähnelt, als nicht attraktiv einstufen. Dieser Effekt wurde bei beiden Geschlechtern gefunden.

Als Erklärung dafür, dass wir beim anderen Geschlecht Ähnlichkeiten eher als unattraktiv einstufen, hat die Psychologin eine evolutionsbiologische Perspektive herangezogen. Sie vermutet, dass die niedrige Attraktivität von Ähnlichkeiten beim anderen Geschlecht dafür sorgen soll, dass man potentielle Partner instinktiv auf den Verwandtschaftsgrad hin evaluiert, um zu vermeiden, dass man ohne es zu wissen, mit einem Verwandten Nachwuchs zeugt.

Da die letzte Studie stark auf eine physische Attraktivität abzielte, lassen sich die beiden wissenschaftlichen Ergebnisse meines Erachtens gut integrieren. Im Erscheinungsbild des potentiellen Partners sollte sich ein hinreichender Unterschied zu einem selbst manifestieren, während Eigenschaften wie soziale Einstellung, Bildung usw. möglichst ähnlich sein sollten. Mein persönliches Erklärungsmodell für die Partnerwahl differenziert zudem noch auf der Zeitachse: Ich bin der Meinung, dass Unterschiedlichkeiten kurzfristig sehr attraktiv sein können und durchaus eine hohe Attraktivität aufweisen. Die Bankerin trifft den Rocker, der BWL-Professor verliebt sich in die Künstlerin. Der Titel des Romans „Gegensätze ziehen sich aus" von Kerstin Gier hat dieses Phänomen sehr schön auf den Punkt gebracht.

Von daher könnte man sagen, dass zu Beginn einer Beziehung das Sprichwort „Gegensätze ziehen sich an (aus)" einen größeren Einfluss auszuüben scheint. Mittel- und langfristig dagegen, „kippt" die Beziehungsmotivation anscheinend in Richtung „Gleich und gleich gesellt sich gern".

Tipp: **Partnerwahl für langfristige Beziehungen**
Neben der wichtigen Attraktivität, die sich auch durch wahrgenommene Unterschiedlichkeit äußern kann, sollten Sie
auch auf ein gemeinsames „Set" an übereinstimmenden Haltungen, Ansichten und Interessen verfügen. Das bedeutet
nicht, dass Sie einen „Persönlichkeitsklon" Ihrer selbst suchen
sollen. Vielmehr ist es für langfristige Beziehungen von es-
sentieller Bedeutung, dass zumindest fundamentale Ansichten und Haltungen sich decken bzw. in Übereinstimmung gebracht werden können.

Es gibt noch eine weitere psychologische Beobachtung, die hier noch
nicht angesprochen wurde. Meines Erachtens kann man bei vielen
Beziehungen ein „Muster" beobachten. Die Partnerwahl ähnelt ver-
blüffend vorherigen Beziehungen, auch wenn diese nicht optimal verlaufen sind. „Mann" bzw. „Frau" sucht sich häufig einen Partner, der
offensichtlich einem bestimmten Muster entspricht, auch wenn dieses
in der Vergangenheit Leid verursacht hat. Meines Erachtens liegt zumindest ein Teil der Ursache hierfür darin, dass man jemanden sucht,
der die eigenen „Lücken" aufzufüllen verspricht. Der Partner soll in
einer derartigen Beziehung dazu dienen, sich „besser" oder „komplett"
zu fühlen bzw. Schwächen auszugleichen, die man an sich selbst festgestellt hat. Natürlich stellt dieser Anspruch eine große Gelassenheits-
falle dar, denn je größer die Erwartungen an meinen Partner sind, mir
„Gutes" zu tun, desto eher mache ich mich abhängig und empfänglich
für nahezu unvermeidliche Enttäuschungen. An dieser Stelle möchte
ich an das Wohlfühl-Kapitel erinnern. Ohne Selbstliebe und Akzeptanz meiner eigenen Persönlichkeit ist es meines Erachtens nicht möglich, einen anderen zu lieben bzw. von diesem das zu erhalten, was ich
mir wünsche. Eine Beziehung, die bereits bei der Entstehung dem
Zweck dienen soll, einen eigenen Mangel zu beheben (nicht allein sein
können, ständiger Bedarf nach Aufmerksamkeit und Lob usw.) birgt
einen gefährlichen „Keim". Früher oder später werden Sie feststellen,
dass kein Partner bereit oder dazu in der Lage ist, Ihren Mangel ausfül-
len und „beheben" zu können. Nicht oder wenig reflektierte Menschen
verlagern dann die Verantwortung auf den Partner:

„Wenn er oder sie mir nur das geben würde, was ich brauche, wäre
doch alles in Ordnung. Da das aber offensichtlich nicht so ist, muss ich
mir einen neuen Partner suchen!". Es liegt auf der Hand, dass die dau-

erhafte Suche nach einem „Heilsbringer" nicht nur vergebens ist, sondern auch eine fortwährende Gelassenheitsbremse.

Gelassenheit in bestehenden Partnerbeziehungen

Dass eine gut funktionierende Beziehung (falls vorhanden) auch extrem wichtig für Ihren Erfolg im Job ist, zeigt das folgende Beispiel. Ich habe im Laufe meiner Tätigkeiten als Personal- und Organisationsentwickler in Konzernen auch häufig sogenannte High Potential- Kreise betreut. Einige dieser Nachwuchsführungskräfte sollten überprüft werden, ob sie den harten Anforderungen eines MBA-Studiums gerecht werden würden. Hierfür entwickelte ich ein kompetenzbasiertes Interview, das neben anderen Anforderungen auch Fragen bzgl. der organisatorischen Vorbereitung des potentiellen Kandidaten enthielt. Man muss sich bei einem derartigen Studium nämlich vor Augen führen, dass der wöchentliche Zeitaufwand für Vor- und Nachbereitung der Kurse sowie das Lernen durchschnittlich zwischen 30 und 40 Stunden beträgt. Da die Nachwuchsführungskräfte aufgrund ihrer sonstigen operativen Tätigkeiten bereits 50 bis 60 Stunden arbeiteten und diese wegen des Studiums auch nicht leiden sollten, bedeutete dies eine durchschnittliche wöchentliche Belastung von 100 Stunden und mehr. Da die Woche 168 Stunden aufweist und man ab und zu auch schlafen sollte, bedeutet dies natürlich eine enorme Belastung, die man erkannt und akzeptiert haben muss, bevor man das zweijährige Studium auf sich nimmt.

Ich fragte also die Kandidaten, mit welcher zeitlichen Beanspruchung sie rechneten und ob diese Belastung auch mit den jeweiligen Partnern besprochen sei. Man könnte natürlich vermuten, dass die allermeisten potentiellen Teilnehmer weder in Beziehungen stehen noch Kinder haben. Dem ist allerdings nicht so.

Ich erinnere mich noch sehr gut an einen Kandidaten, der verheiratet war und zwei Kinder hatte, als er das Studium aufnahm. Dieses hat er sogar als Jahrgangsbester abgeschlossen. Ohne eine klare Absprache mit seiner Frau und ihr eindeutiges Commitment für diesen Zeitraum, wäre dies sicherlich nicht möglich gewesen, was er mir auch später berichtet hat. Ein weiterer wesentlicher Faktor für den Studienerfolg, von seinem Fleiß und den vorhandenen kognitiven Fähigkeiten einmal abgesehen, war nach seiner Aussage ein kompromissloses Zeitmanagement, dessen Wichtigkeit wir ja bereits im vorangegangenen Kapitel erfahren haben.

Oftmals erlebt man die eigene Beziehung jedoch nicht so unterstützend, wie in diesem Beispiel. Häufiger erfahren wir eine Frustration, weil der Partner nicht so will, wie man selbst. Wie entsteht diese? Oftmals liegt der Grund darin, dass wir realisieren, dass der andere doch nicht so ist, wie wir uns das am Anfang der Beziehung gedacht haben. Als Folge erleben wir eine Enttäuschung. Das Wort Enttäuschung hat eine interessante Bedeutung, wenn wir es einmal sehr wörtlich nehmen. Ent*täuschung* bedeutet nichts anderes, als dass die Täuschung endet! Das bedeutet, dass wir überrascht sind, dass der Partner sich entweder verändert hat oder bereits von Anfang an nicht so war, wie wir es wahrgenommen haben. Es drängt sich die Vermutung auf, dass Letzteres eher zutrifft.

Natürlich kann man nun den Grad der Täuschung festlegen: Sind die Unterschiede so bedeutsam, dass es keine gemeinsame Basis mehr gibt? Sind die Differenzen also unüberbrückbar? Falls dem so ist, so sollte man die Beziehung auch beenden. In den allermeisten Fällen muss es allerdings nicht so weit kommen. Die nachfolgenden „Hilfen" können diese Konsequenz zumindest abschwächen.

Auch in diesem Punkt können Sie feststellen, dass wir in den vorangegangenen Kapiteln bereits sehr viel Gelassenheitsarbeit verrichtet haben, da wir nur einige Techniken rekapitulieren und auf Beziehungen anwenden müssen.

Zentral für eine gut funktionierende Beziehung ist der kommunikative Austausch! Wenn in obigem Beispiel der MBA-Kandidat vor Aufnahme seines Studiums nicht oder mangelhaft mit seiner Lebensgefährtin kommuniziert hätte, wäre eine dauerhafte Belastung wohl nicht zu vermeiden gewesen. Nur weil es allen Beteiligten klar war, was die nächsten beiden Jahre bringen würden und dies von beiden Seiten auch akzeptiert wurde, konnte dieses Vorhaben erfolgreich realisiert werden.

In der Praxis erlebt man jedoch häufiger, dass man über seine Bedenken und Sorgen eben nicht offen spricht. Gerade der Sei-stark-Antreiber, den Sie ja bereits kennen gelernt haben, tendiert dazu, seine Probleme mit sich selbst auszumachen und eben keine Hilfe oder Unterstützung zu erfragen. Von daher kommt es dazu, dass man zwar unzufrieden ist, diese Unzufriedenheit aber verschweigt, weil man keine Schwäche zeigen möchte, bzw. davon ausgeht, dass der andere Gedanken lesen können müsste, wenn er einen lieben würde. Paul Watzlawick hat auch hier eine sehr feine Beobachtungsgabe gezeigt:

Sein Sammelband „Wenn Du mich wirklich liebtest, würdest Du gern Knoblauch essen." bringt diese Denkfalle auf den Punkt. Er legt offen, dass sehr viele Probleme und Konflikte genau deswegen entstehen, weil wir zu sehr im eigenen „Kopf" denken und uns zu wenig austauschen. Von daher habe ich auch den Tipp gegeben, nach Übereinstimmungen in fundamentalen Ansichten und Werten zu suchen und nicht jede kleine Vorliebe zu analysieren. Was aber tun, bei den „kleinen bis mittleren" Dingen des Lebens?

Der erste Schritt, wenn man den Eindruck hat, dass der Partner nicht so ist, wie man es gerne hätte, ist über seine eigene Empfindung zu sprechen, allerdings idealerweise ohne den anderen anzuklagen. Wie wir bereits gesehen haben, ist diese Form der Kommunikation eher nicht dazu geeignet, eine Veränderung beim Gegenüber zu bewirken, weil dieser höchstwahrscheinlich in den Kampf-/Flucht-Modus übergeht. Sie haben jedoch auch schon eine Kommunikationstechnik gelernt, die es erlaubt, ein schonendes Feedback zu geben, nämlich das SEK-Modell. Wenn Sie es schaffen, eine konkrete Ich-Botschaft zu formulieren ohne Ihren Partner durch eine Anklage zu verletzten, erhöht sich die Wahrscheinlichkeit für eine Akzeptanz und zukünftige Verbesserung enorm. Statt darüber zu meckern, dass der Partner „nie pünktlich sein kann", wird nun das eigene Empfinden thematisiert: „Wir waren ja um 20.00 Uhr beim Generalkonsul eingeladen und es wurde um pünktliches Erscheinen gebeten. Jetzt ist es 20.30 Uhr und ich fühle mich sehr unwohl mit dieser Verspätung. Was können wir zukünftig machen, damit wir pünktlich ankommen?".

Natürlich kann es auch nun zu Missverständnissen und Anklagen kommen, die Wahrscheinlichkeit hierfür ist jedoch reduziert. Wenn man anklagefrei miteinander reden kann, sollten Sie in der Folge die Techniken bemühen, die ich bereits in den Konflikt- und Verhandlungskapiteln vorgestellt habe. Werden Sie sich darüber bewusst, was Sie mindestens benötigen, gehen Sie aber auch auf die Bedürfnisse des Partners ein.

Schwieriger wird es, wenn man vorhat, den Partner fundamental zu ändern. Leider wird dies immer wieder versucht, obwohl die bisherigen Ergebnisse alles andere als aufmunternd waren. In den häufigsten Fällen ist dies jedoch nicht notwendig, wie die folgende Geschichte zeigt.
In meinen Trainings suche ich mir häufig einen Teilnehmer und eine Teilnehmerin aus, „verheirate" die beiden und schicke sie dann, weil

die Ehe nicht so läuft wie erwartet, zum Ehetherapeuten, der von mir gespielt wird. Im Anschluss lege ich ihnen beliebte „Klagen" in den Mund, wie bspw. „Mein Mann vernachlässigt mich" und „Meine Frau ist eine Zicke".

Wenn man diese Situation weiter analysiert, kommen konkretere Beschreibungen auf den Tisch: „Mein Mann ist nur noch mit seiner Arbeit verheiratet, er kommt regelmäßig erst um 22.00 Uhr nach Hause. Ich fühle mich vernachlässigt." Doch auch auf der „männlichen" Seite gibt es konkrete Beschwerden: „Wenn ich nach Hause komme, nörgelt sie an allem herum. Ich höre nur noch Kritik, das nervt mich!" Wie Sie feststellen können, sind wir in diesem Stadium bereits einen Schritt weiter, weil die beiden nun auch einmal über ihre Gefühle sprechen. Dennoch bildet sich ein Muster heraus: Man erwartet, dass der andere sich verändert, damit man sich ggf. im Anschluss auch selbst ändern kann. Doch bevor sich auf der Gegenseite nichts tut, ist man auch nicht bereit, einen Schritt zu machen.

An dieser Stelle müssen wir uns die Idee der Zirkularität wieder vor Augen führen, die ich bereits kurz im Kommunikationskapitel ausgeführt habe. Wir erleben das Verhalten des jeweils anderen (immer) als ursächlich für unsere „Reaktion". „Weil der oder die sich so verhält, mache ich mit Recht mein Ding" beschreibt die dazugehörige Überlegung. Leider ist es jedoch so, dass auch mein Gegenüber wiederum mein Verhalten als Auslöser für seine Aktionen wertet. Dieser Teufelskreis kann nur durchbrochen werden, indem man den Anfang macht. **Verhalten Sie sich schon einmal so, als ob der andere das gewünschte Verhalten zeigen würde! –** dieser Satz beschreibt die Idee der Zirkularität und den zieldienlichen Umgang am besten.

Was bedeutet dies für unser Ehepaar? Der Mann begründet sein spätes Nachhausekommen mit der Zickigkeit seiner Frau. Diese wiederum fühlt sich im Recht, wenn sie genervt ist und dies auch zeigt, weil der Ehemann sie ja vernachlässigt. Wenn man die Forderungen dann ausformuliert, erhält man ein „Wenn meine Frau freundlicher wäre, würde ich früher nach Hause kommen" und die weibliche Aussage: „Wenn mein Mann früher nach Hause kommen würde, wäre ich freundlicher!". Sie sehen, wir befinden uns im Beziehungsteufelskreis, weil jeder darauf wartet, dass der andere sich „rührt". Wenn Sie hierauf warten, dann wünsche ich Ihnen viel Geduld und Durchhaltevermögen, weil dies fast nie passiert oder falls doch, mit Folgekosten verbunden ist, weil der andere sich als Verlierer ansieht. Wie uns die Konflikt- und Verhandlungskapitel jedoch gezeigt haben, ist dies keine gute Voraussetzung für ein langfristiges Miteinander. Was also tun?

Ein guter Therapeut würde (natürlich in Abwesenheit des jeweiligen Partners) dazu raten, den ersten Schritt zu machen. „Kommen Sie doch schon einmal früher nach Hause und schauen Sie, was passiert!" und „Seien Sie doch einmal freundlicher und schauen Sie, was passiert!" könnten zieldienliche Ratschläge sein, um dem Dilemma zu entgehen. Die Grundaussage ist die: Mit Drohungen und Vorwürfen werden Sie nichts oder maximal das Gegenteil dessen erreichen, was Sie eigentlich möchten. Wenn Sie jedoch zirkulär arbeiten, besteht eine gute Chance, dass der Partner das gewünschte Verhalten auch zeigt. Falls Sie jedoch mit Hilfe der Zirkularität nichts erreichen, sollten Sie spätestens dann die SEK-Technik bemühen.

Der folgende Tipp fasst die wesentlichen Schritte im Austausch zwischen Partnern nochmals zusammen.

> **Tipp: Der gelassene Umgang mit dem Partner**
> Werden Sie sich darüber bewusst, was Ihre eigenen Bedürfnisse und auch die des Partners sind. Wenn Sie sich unwohl fühlen, so können Sie dies wertschätzend mit Hilfe der SEK-Technik ansprechen und feststellen, ob die Unterstützungsanfrage angenommen wird. Bei „größeren" Themen lohnt es sich oftmals, zu prüfen, ob man auch zirkulär „arbeiten" kann. Überlegen Sie sich, was Sie selbst anders machen könnten, so dass beim Partner eine eigene Änderung begünstigt werden kann. Fragen Sie sich, was Sie anders machen würden, wenn der Partner das gewünschte Verhalten bereits zeigte, und handeln Sie entsprechend.

Gelassenheit im weiteren „Netzwerk"

Wir haben anhand vieler Praxisbeispiele bereits festgestellt, dass das Wissen um Ihr Netzwerk und der Beziehungsaufbau wesentlich für Ihren Erfolg und auch Ihre Gelassenheit sind. Diese Erkenntnis lässt sich auch anhand wissenschaftlicher Daten stützen. Der Altersforscher Thomas Glass von der Harvard Universität führte eine in diesem Zusammenhang sehr interessante Längsschnittstudie durch, bei der über 2700 Menschen im Alter von 65 Jahren und älter 13 Jahre lang begleitet wurden. Es stellte sich heraus, dass Freunde sowie das Eingebundensein in ein soziales Netzwerk, die Lebenszeit bis zu einem Drittel verlängern. Natürlich fragt man sich automatisch nach der „Qualität" der Freunde. Es scheint allerdings so, dass bereits das Eingebundensein in soziale Netzwerke und die daraus resultierende Beschäftigung eine Quelle für Zufriedenheit darstellt, die per se lebensverlängernd wirken kann.

Im Job ist ein derartiges Netzwerk überlebensnotwendig! Vielleicht kennen Sie auch den Prototyp des Karrieristen, der sich im Rahmen seiner Probezeit mit einem übergroßen Elan auf alle Aufgaben stürzt, dabei aber sowohl die eigenen Mitarbeiter als auch Kollegen vernachlässigt. Dieser Manager sitzt alleine beim Essen, meistens gegen 14.00 bis 15.00 Uhr, weil vorher schlicht keine Zeit zur Nahrungsaufnahme war. Kontakte und den Beziehungsaufbau zu anderen stellt er solange hinten an, bis er sich in die Aufgaben eingefunden hat. In der Realität kann dies schon deutlich zu lange dauern. Der „Neue" wird als unnahbar wahrgenommen und verspielt damit einen wesentlichen Kredit in der Organisation.

Um wen sollte man sich also kümmern? Als Führungskraft wird man in den ersten 100 Tagen mit zwei wesentlichen Aufgaben konfrontiert: Zum einen sollte man den eigenen Chef zufriedenstellen; hierfür bedarf es eventuell einer weitergehenden Auftragsklärung. Daneben gilt es, wichtige Netzwerke aufzubauen und Beziehungen zu entwickeln. In allererster Linie geht es hierbei natürlich um die eigenen Mitarbeiter und weitere wichtige „Systemelemente". Heute spricht man von einem System, um sich bspw. von dem Teambegriff abzugrenzen. Ein Organigramm oder Abteilungsbezeichnungen haben oftmals mit der Realität insofern wenig gemein, als dass man hieraus nicht unbedingt klar ableiten kann, wer momentan oder zukünftig für den eigenen Erfolg wichtig sein könnte. Das System hingegen könnte man folgendermaßen definieren: Es handelt sich um eine Klasse von Elementen, die im Sinne einer Aufgabe oder eines Ziels in Wechselwirkung zueinander stehen und sich dadurch von anderen Elementen abgrenzen. Das bedeutet, dass man vom jeweiligen Partner insofern abhängig ist, als dass sich dessen Handeln wiederum auf einen selbst auswirkt. Diese Verbindung ist offensichtlich stärker als zu anderen Elementen. Im Klartext: Es gibt Kollegen und Mitarbeiter, die für den eigenen Erfolg kritischer und bedeutsamer sind als andere. Leider wird häufig versäumt, zu diesen eine adäquate, zieldienliche Beziehung aufzubauen.

Erinnern Sie sich an die Eisenhower-Matrix? Der zweite Quadrant, der wichtige, aber nicht dringende Aufgaben enthält, stellt ein typisches Beispiel dar. Wenn es bspw. Ihre Aufgabe ist, zukünftig häufig mit dem Betriebsrat zu verhandeln, dann sollten Sie auch einen Schwerpunkt auf den Beziehungsaufbau zu diesem Organ legen. Das kann oftmals nicht warten, bis man alle seine anderen, dringenden Aufträge erledigt hat, weil ein erster Eindruck von Unnahbarkeit eventuell bereits entstanden ist.

Analysieren Sie also unbedingt Ihr Netzwerk. Wer ist besonders wichtig für Ihren Arbeitserfolg? Wo lohnt es sich besonders, eine tragfähige langfristige Beziehung aufzubauen? Welche Abhängigkeiten bestehen? Ein toller Nebeneffekt von internen Trainings, also solchen, die speziell für eine Firma angeboten werden, ist, dass die Gruppe sehr häufig heterogen zusammen gesetzt ist. Deshalb trifft man die Kollegen, mit denen man bisher nur telefoniert hat persönlich, arbeitet gemeinsam und baut einen Kontakt auf. Viele meiner Teilnehmer haben dies besonders geschätzt, weil es so möglich war, einen Sachverhalt auch einmal schnell und unkompliziert am Telefon zu klären. Die Zeit, die Sie für den Beziehungsaufbau mit Ihrem Netzwerk aufbringen, ist somit oftmals mehr als gut investiert!

> **Tipp:** **Analysieren Sie Ihr System und bauen Sie tragfähige Beziehungen auf**
> Fragen Sie sich, wer für Ihre Arbeit im Sinne einer Abhängigkeit oder möglichen Optimierung eine besondere Bedeutung hat. Gehen Sie auf diese Menschen zu, suchen Sie aktiv Kontakt und versuchen Sie eine tragfähige Beziehung aufzubauen. Die Erkenntnisse und Tipps aus dem pragmatischen (Ärger-) Persönlichkeitsmodell in diesem Buch helfen Ihnen hierbei!

Wie uns die Studie zu Beginn dieses Abschnitts jedoch auch gezeigt hat, geht es nicht immer nur primär darum, seine Arbeit effizienter zu gestalten oder gar zu optimieren. Wenn es Sie interessiert, ein Drittel mehr an Lebensjahren zu gewinnen, dann sollten Sie auch auf Ihr sonstiges soziales Netzwerk achten. Familie und Kontakt sind ein Lebensbereich, der gegenüber Arbeit und Leistung oftmals erheblich vernachlässigt wird. Der Psychotherapeut und Autor Nossrat Peseschkian hat in vielen Veröffentlichungen dafür geworben, dass man alle vier Lebensbereiche, nämlich **Arbeit und Leistung, Familie und Kontakt, Sinn und Kultur** und **Körper und Gesundheit** in einer Balance halten sollte, um ein wirklich erfülltes Leben zu führen.

Meine Coachingaufträge zeigen mir, dass Freunde, also der Lebensbereich Kontakt, aufgrund einer hohen Arbeitsbelastung oftmals als erstes vernachlässigt wird. Das muss im heutigen Kommunikationszeitalter nicht mehr so sein. Bei knappen Zeitressourcen kann bereits regelmäßiger E-Mailkontakt bzw. der Austausch über Netzwerkforen wie bspw. Xing, Facebook oder Linkdin dafür sorgen, dass man sich nicht aus den Augen verliert.
Bei hohem Arbeitsaufwand und dementsprechend geringer Freizeit, kann man dieses Thema jedoch auch direkt wieder mit dem vorherigen Kapitel in Verbindung bringen. Wir haben gesehen, dass Zeitmanagement in allererster Linie das Management von Prioritäten ist. In diesem Sinne gilt es natürlich festzustellen, welche Beziehungen am „wichtigsten" sind. Bei welchen Freunden fühlen Sie sich allgemein am wohlsten? Wo fühlen Sie sich generell akzeptiert und angenommen? Wer reagiert dagegen eher beleidigt bis anklagend, wenn Sie sich nicht regelmäßig melden? Lassen Sie in Ihre Überlegungen aber auch unbedingt die eigene Weiterentwicklung einfließen: Wer hat Ihnen eventuell in der Vergangenheit ein schmerzhaftes, aber aufrichtiges Feedback gegeben, das Ihnen letztlich weitergeholfen hat?
Diese Überlegungen führen eventuell zu einer Reduktion der Kontakte im Allgemeinen, während Sie auf der anderen Seite die Qualität derselben maßgeblich erhöhen.

Geld und das Problem der hohen Ansprüche

Viele gehen davon aus, dass Geld im Allgemeinen beruhigend wirkt. Wenn man über Geld verfügt, muss man sich weniger Sorgen machen, so die Annahme. Bis zu einem gewissen Punkt und bei einem gewissen Umgang mit diesem Zahlungsmittel, stimmt dies auch. Wovon hängt jedoch ab, ob das Streben nach Geld und dessen Besitz uns gelassener werden lässt? Meines Erachtens steht das Geld bei dieser Betrachtung gar nicht im Vordergrund, da es sich eher um einen Katalysator handelt. Geld dient dazu, Wünsche zu realisieren und insofern stellt es ein Transportmittel von einem ungewünschten hin zu einem gewünschten Zustand dar. Genauso, wie Sie jedoch bei einer verunglückten Urlaubsreise an den „falschen" Ort geraten können, so kann Sie auch das

Transportmittel Geld zu einem ungewünschten Bestimmungsort führen. Dazu ein Beispiel:

Die vielen Ferienjobs in meiner Jugend haben mich häufig in Fabrikhallen geführt, in denen man bei oftmals widrigen Umständen (Lärm, Gestank usw.) ein Produkt oder Teile davon erstellen sollte. Der Deal war klar: Für eine hohe körperliche und mentale Belastung (z. B. Monotonie) erhielt man im Gegenzug quasi als Schmerzensgeld einen sehr hohen Stundenlohn. Einmal ist mir ein junger Vorarbeiter aufgefallen, der besonders clever war. Er konnte alle Maschinen bedienen und war für Jedermann ein kompetenter Ansprechpartner. Obwohl erst um die zwanzig Jahre alt, kamen auch altgediente Kollegen auf ihn zu und fragten nach Rat. Auch ohne einen typischen Intelligenztest bemüht zu haben, schätzte ich diesen jungen Mann als überdurchschnittlich intelligent ein. Von daher dachte ich, dass sein Platz eher im Hörsaal als in einer stinkenden Fabrikhalle sein sollte. Ein Gespräch mit ihm zeigte, dass dies auch sein ursprünglicher Plan war: In der Fabrik viel Geld verdienen, sparen und dann studieren. Es kam jedoch anders: die Konsumfalle tat sich auf! Da er für einen jungen Mann im Dreischichtbetrieb sehr viel Geld verdiente, wollte er sich auch etwas leisten: das große und schnelle Auto, eine schöne Wohnung, viel Technik-„Spielzeug" usw. Im Handumdrehen, war er gezwungen, im Monat viel Geld zu verdienen, um seinen Lebensstandard zu halten. Die Situation hatte sich um 180° gedreht: vom perspektivischen Ansparen hin zu einem monatlichen Müssen. Da er aber auch nicht bereit war, auf seinen Lebensstandard zu verzichten, war er nun in der Fabrik „gefangen".

Brad Pitt bzw. die Figur des Tyler Durdons hat in dem wunderbaren Film „Fight Club" einen sehr bewerkenswerten Satz formuliert: „Alles, was du besitzt, besitzt irgendwann dich!". Und weiter: „Von dem Geld, das wir nicht haben, kaufen wir Dinge, die wir nicht brauchen, um Leuten zu imponieren, die wir nicht mögen.".

Für den jungen Mann wäre die Analyse, dass der Umgang mit Geld seiner eigenen Weiterentwicklung entgegensteht, absolut wesentlich gewesen. Warum? Weil er nicht glücklich war mit dem, was er tat. Er fühlte sich als „Opfer" der Umstände und dachte, dass er sich von dem materiellen Anspruch nicht lösen könnte.

Ich habe jedoch auch das Gegenteil erlebt. Einer meiner Teilnehmer berichtete eine ähnliche Ausgangssituation: Lehre abgeschlossen, das erste Geld verdient und in ein nettes Auto und eine schöne Wohnung investiert. Er fühlte jedoch, dass dies nicht alles gewesen sein konnte und wollte unbedingt noch studieren. Nach langem Überlegen, verkaufte er sein Auto mit Verlust, löste die Wohnung auf und zog in eine Wohngemeinschaft in Berlin, um das Studium aufzunehmen. Mit acht Jahren Abstand und dem Beruf, den er sich schon immer gewünscht hatte, spricht er nun davon, dass dies die beste Entscheidung seines Lebens war.

Was dies alles mit Gelassenheit zu tun hat? Stellen Sie sich vor, wie beide Hauptdarsteller der obigen, realen Geschichten morgens zur Arbeit fahren und wie sie ihren Tag erleben. Es steht außer Zweifel, dass Letzterer seinen Arbeitstag und sein Leben als wesentlich erfüllter und schöner erlebt. Diese Wahrnehmung ist natürlich zentral für das Gefühl der Gelassenheit. Auch wenn der junge Mann aus der ersten Geschichte sein Schicksal vermutlich auf die „Umstände" zurückführt, was sehr häufig in ähnlichen Fällen geschieht, müsste er bei näherer Betrachtung eingestehen, dass er selbst für alles Weitere verantwortlich war. Lediglich die Motivation, dass er mit Dingen, die er sich nicht leisten konnte, Menschen beeindrucken wollte, die er vermutlich nicht einmal leiden konnte, führte zu dieser (Lebens-) Sackgasse. Auch wenn Sie diese Argumentation eventuell als zu extrem ansehen, möchte ich auf den sicherlich vorhandenen Kern verweisen: Sie sind (in weiten Strecken) der Gestalter Ihres Schicksals.

Zum Abschluss ein weiteres reales Beispiel: Im Rahmen einer Talk-Show im deutschen Fernsehen war kürzlich ein Ehepaar zu sehen, das von seinem Arbeitgeber die Kündigung erhalten hatte. Beide arbeiteten bei einem großen Konzern als Ingenieure und wurden nun für ein Jahr bei vollen Bezügen freigestellt. Das Ehepaar sorgte sich bereits sehr, dass es nach Ablauf des Jahres von Harz IV leben müsste und das eigene Haus vermutlich nicht mehr zu halten wäre. Keiner der beiden erkannte in dieser Situation die Chance, noch einmal etwas Neues zu wagen und nun eventuell das machen zu können, was man wirklich wollte. Die größte Sorge galt dem Erhalt des Hauses. „Alles, was du besitzt, besitzt irgendwann dich!" – es scheint so, als würde dieses Haus die beiden besitzen. Wenn sie jedoch akzeptieren könnten, dass sie nicht dieses Haus *sind* und man auch in einer kleinen Mietwohnung glücklich leben kann, könnten sie mit Hilfe der meines Erachtens großzügigen Abfindung von zwei vollen Jahresgehältern eine neue Aufgabe finden und angehen, die beide nachhaltig glücklich und zufrieden werden lassen könnte. Solange sie jedoch in der „Besitzfalle" stecken, ist dieser Schritt nicht möglich.

Führen Sie doch einmal die folgende materielle Gelassenheits-Analyse durch:

Checkliste für den Umgang mit „Besitz"

- Von welchen materiellen Dingen könnten Sie sich leicht trennen?
- Was hält Sie davon ab?
- Welche Dinge haben den Anschein, dass sie Sie besitzen?
- Wie würden Sie weiterleben, wenn man Ihnen diese Dinge wegnähme?
- Prüfen Sie bei Neuanschaffungen, ob diese eventuell dazu dienen, anderen Menschen zu gefallen und ihnen zu imponieren oder ob Sie selbst Freude daran haben.

Zusammenfassung und Gelassenheits-Checkliste

Wir haben einen weiten Weg zu mehr Gelassenheit gemeinsam beschritten. Sicher ist Ihnen aufgefallen, dass dieses Buch verschiedene Schwerpunkte verfolgt hat. Zuerst haben wir uns sehr stark mit der Grundidee von Ärger im Speziellen und „hinderlichen" Emotionen im Allgemeinen beschäftigt.

Danach galt es, die eigene Persönlichkeit und die des Gegenübers zu analysieren und in unserem Handeln zu berücksichtigen, da ein gesteigertes Verständnis von beiden Seiten in eine größere Toleranz und damit auch höhere Gelassenheit mündet.

Das Kapitel „Strategien zur Gelassenheit" offenbarte als nächstes wertvolle Techniken, die der konkreten Umsetzung dienen sollten. Wir haben uns also vom Allgemeinen und der erforderlichen Reflektion (Analysephase) in Richtung Umsetzung bzw. Anwendung weiter gearbeitet und hierfür notwendiges Handwerkzeug erfahren.

Der letzte Abschnitt dieses Buches galt ganz konkreten Situationen, die unsere Gelassenheit herausfordern und diente somit einem möglichen Transfer. Gerade hier ist Ihnen ebenfalls aufgefallen, dass immer wieder Techniken, Strategien und Werkzeuge aus den vorherigen Kapiteln erneut aufgenommen und genutzt wurden.

Im Folgenden möchte ich Ihnen eine Art universelle Checkliste an die Hand geben, die die Inhalte dieses Buches noch einmal für den Praxistransfer ordnet und nutzbar macht. Man könnte sagen, dass Ihnen das Buch bis hierher das notwendige Wissen für mehr Gelassenheit im Job nebst zugehörigem Werkzeug vermittelt hat. Die folgende Checkliste möchte Ihnen nun zeigen, welches Werkzeug bei welcher Situation angebracht ist, so dass Sie noch zielorientierter vorgehen können, wenn Sie Ihre Gelassenheit in der Praxis steigern möchten. Für den Praxistransfer empfehle ich also die folgenden Schritte:

Unerlässlich für ein gelassenes Reagieren in kritischen Situationen ist die Analyse, die auf den ersten rund fünfzig Seiten dieses Buches vorgeschlagen wurde. Sie müssen zunächst erkennen, was Sie tatsächlich „antreibt" und Ihnen wichtig ist und immer wieder die Frage stellen, ob dies in der aktuellen Situation zieldienlich ist, oder ob es notwendig sein kann, vom eigenen Muster abzuweichen.

Daneben ist es natürlich essentiell, dass dies auf der Basis der Selbstakzeptanz geschieht. Nutzen Sie von daher auch unbedingt die Vorschläge und Erkenntnisse des Kapitels „Wohlfühl-Übungen". Beginnen Sie also die Praxisumsetzung mit einer umfassenden Selbstreflexion!

Wenn Sie im Aufdecken von Motiven und allgemeinen Persönlichkeitsmerkmalen Übung und Ihr eigenes Selbstwertgefühl gestärkt haben, dann wenden Sie diese Erkenntnisse auf Ihr „System" an. Fragen Sie sich, wie andere für Sie wichtige Personen „ticken" und was ihnen wichtig ist. Sie werden feststellen, dass es viel weniger „Idioten" da draußen gibt, als Sie vielleicht vorher angenommen haben. Die meisten handeln aus ihrer Sicht sehr nachvollziehbar, wenn man es geschafft hat, sich in ihre Situation hineinzuversetzen. Diese Erkenntnis kann bereits alleine mehr Gelassenheit erzeugen, weil man eben nicht mehr ständig an der vermeintlichen Ignoranz der Umwelt verzweifeln muss. Dies ist jedoch nicht der alleinige Sinn der Analyse. Sie legen darüber hinaus noch die Grundlage für einen wertschätzenden und zieldienlichen Austausch mit Ihrer Umwelt.

Für akute Probleme und Herausforderungen biete ich Ihnen die folgende Vorgehensweise an:

Stellen Sie zunächst die Managementfrage: „Was passiert, wenn ich nicht eingreife?". Sie können sich viel Leid und Enttäuschung ersparen, wenn Sie nicht handeln, falls die Managementfrage vermutlich keine weiteren, negativen Konsequenzen aufzeigt. Falls Sie aktiv werden müssen, so rate ich Ihnen, das Problem zu analysieren: Handelt es sich um etwas, was Sie direkt verändern können oder eben doch um eine Restriktion? Falls Ersteres zutrifft sollten Sie sich eine Strategie zurechtlegen und versuchen, die notwendigen Lösungsschritte direkt umzusetzen. Im Fall einer Restriktion: Versuchen Sie die „Trauerphase" möglichst kurz zu halten und fragen Sie sich konsequent, wie man nun mit dieser Rahmenbedingung optimal umgehen kann.

In einem hohen Maße ausschlaggebend für Ihre Gelassenheit sind also: die Grundhaltung, Menschen in ihrem Handeln zu verstehen und ein Stück weit zu akzeptieren und die Analyse, ob man überhaupt handeln sollte. Wenn Sie zur Auffassung kommen, aktiv werden zu müssen, dann sollten Sie sich fragen, ob das Ursprungsproblem eine Restriktion darstellt oder ob dem nicht so ist.

Vor Ihrem geistigen Auge hat sich eventuell gerade eine Art Fluss- oder Ablaufdiagramm entwickelt. Die folgende Abbildung zeigt die Schritte nochmals auf:

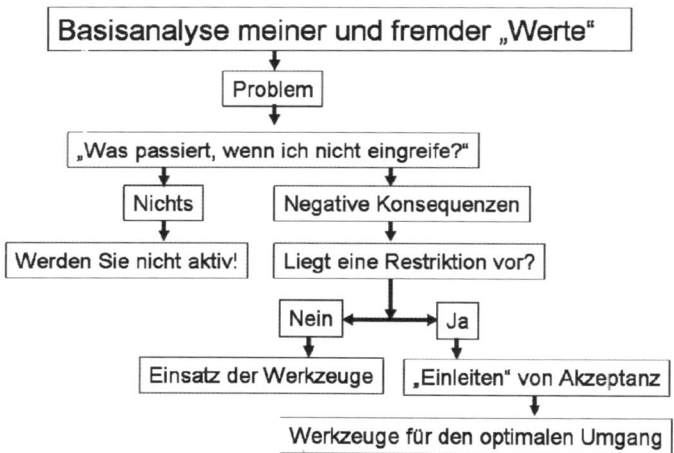

Abbildung 15: Gelassenheitspfad

Nach dieser analytischen Vorarbeit, steht der jeweilige Einsatz von Gelassenheitswerkzeugen an. Sehr häufig werden Sie hierfür die Kapitel „Die ‚Wohlfühl'-Kommunikation", „Gelassener Umgang mit Konflikten" und „Verhandeln ohne Reue" benötigen. Als gemeinsames „Basiswerkzeug" möchte ich Ihnen nochmals das aktive Zuhören sowie den Einsatz von Teilübereinstimmungen sehr ans Herzen legen, da diese Techniken sehr starke Auswirkungen auf Ihre Gelassenheit als auch Ihre Überzeugungskraft haben werden. Wenn Sie einem anderen kritisches Feedback geben müssen, sollten Sie unbedingt vorher ein mögliches SEK schriftlich fixieren. Für alle übrigen „kritischen" Gespräche ist es wesentlich für Ihre Gelassenheit, dass Sie zumindest ein Minimalziel fixieren, das Ihnen die Sicherheit eines „roten Fadens" gewährleistet und darüber hinaus anzeigt, wann man eine mögliche Verhandlung abbrechen sollte. Alle übrigen Situationen, die Ihre Gelassenheit nachhaltig bedrohen, sollten sich den jeweiligen Strategien zuordnen lassen.

Nun bleibt noch die Frage, wie man über das notwendige Üben hinaus, einen gelungenen Transfer in das Alltagsleben begünstigen kann. Nach meiner Erfahrung neigt man leicht dazu, wichtige Erkenntnisse im Eifer des Gefechts zu vergessen. Deshalb ist es auch essentiell, an den „kleinen" Dingen des Lebens zu üben und nach und nach Erfolgserlebnisse zu sammeln. Diese Erfolge stärken Ihre wahrgenommene Kompetenz und lassen sich auch auf die größeren Herausforderungen übertragen. Wichtig ist jedoch auch eine Form der Erinnerungshilfe. Hier kann Sie der sogenannte symbolische Transfer sehr gut unterstützen. Worum handelt es sich hierbei?

Erinnern Sie sich an die Beratung, die ich im Rahmen des Kapitels „Handlungsfähig trotz Restriktionen!" skizziert habe? Es handelte sich um den internen Dienstleister, der darüber jammerte, dass Manager auch extern einkaufen. Ich habe diese Abteilung relativ uncharmant mit einer Frau verglichen, die gerne heiraten würde, aber aufgrund ihrer Verdrießlichkeit nicht gefragt wird. Das Seminar war ein großer Erfolg, da man viele konstruktiven Maßnahmen festlegte, wie die Kundenzufriedenheit und auch Kundenansprache verbessert werden könnten. Die Chefin der Abteilung fragte mich daraufhin, wie man diesen Erfolg neben den Maßnahmen noch dauerhaft ins Alltagsleben übertragen könne. Da ich das Bild der „Braut" etabliert hatte, schlug ich ihr vor, in eine Konditorei zu gehen. Dort sollte sie nach den kleinen Figürchen fragen, die man auf Hochzeitstorten aufstellt und jedem ihrer Mitarbeiter eine kleine „Braut" kaufen. Diese sollte auf den Schreibtischen platziert werden, so dass die Mitarbeiter bei jedem Anruf eine deutlich sichtbare Erinnerung erhalten, dass sie sich doch als Braut hübsch machen wollten. Nach meiner Kenntnis stehen die Figürchen immer noch auf den Schreibtischen und leisten dort gute Arbeit.

Für Ihren Praxistransfer bedeutet dies das Folgende: Überlegen Sie sich, von welcher Erkenntnis, Strategie oder Technik dieses Buches Sie vermutlich im Alltag am meisten profitieren und finden Sie ein Symbol hierfür. Dieses Symbol platzieren Sie auf Ihrem Schreibtisch oder nehmen es mit in anstehende Meetings. Bücher tendieren dazu, in Regalen zu verstauben. Eine deutlich sichtbare Erinnerungshilfe jedoch, vermag uns manchmal sanft auf unser Vorhaben zurückzuführen. Probieren Sie es aus!

Schlusswort

Als ich begann, dieses Buch zu schreiben, war von der sogenannten Finanz- und Wirtschaftskrise hoch keine Rede. Nun, da ich gerade die letzten Zeilen schreibe, spricht man kaum von etwas anderem. Es ist offensichtlich, dass die momentanen „Rahmenbedingungen" viel Entbehrungen und auch Leid verursachen können, da Arbeitsplätze bedroht sind und die Fähigkeit, einen Wandel gelassen und aktiv gestalten zu können, wesentlich an Bedeutung gewinnt.

In dieser Situation sind die Strategien, Techniken und Werkzeuge, die vorgestellt wurden, meines Erachtens notwendiger denn je. Ausgehend von diesen Erkenntnissen, hoffe ich, dass es Ihnen leichter fallen wird, mit etwaigen Restriktionen gelassener umzugehen.

In der Einleitung habe ich den Weg zu einer gelassenen Lotusblüten-Persönlichkeit mit einer Städtereise verglichen. Gemäß diesem Bild haben wir den vorläufigen Bestimmungsort nun erreicht. Wenn Ihnen das, was Sie kennen gelernt haben jedoch gefallen hat, so gilt sowohl beim Reisen als auch beim Nutzen dieses Buches das folgende Prinzip: Kommen Sie zu Ihren Lieblingsplätzen zurück und lernen Sie diese nach und nach intensiver kennen. So wie Paris oder London sich nicht an einem Tag oder in einer Woche erschließen, so stellt sich nicht sofort nach der Lektüre eine allumfassende Gelassenheit ein. Wir haben lediglich interessante Orte kennen gelernt, die hoffentlich den Wunsch aufkommen lassen, zurückzukehren. Nehmen Sie sich also bestimmte Kapitel immer wieder vor und vertiefen Sie die Erkenntnisse anhand von Transfer- und Praxiserfahrungen.

Ganz im Sinne dieses Buches, rufe ich zu einem optimalen Umgang mit dem Gegebenen auf. Nutzen Sie die verborgenen Chancen Ihrer momentanen Situation und lassen Sie Ihren Gelassenheits-Lotus erblühen!

Über den Autor

 **Thomas Augspurger** ist Bankkaufmann, Diplompsychologe und systemischer Prozessberater und war langjährig als Personal- und Organisationsentwickler in Konzernen tätig. Seit 2005 arbeitet er als selbstständiger Dozent, Trainer, Berater und Coach mit den Schwerpunkten Teammoderation, Führungskräfteentwicklung und konstruktive Kommunikation.
Thomas Augspurger lebt in Frankfurt/Main. Kontakt unter www.konstruktivberaten.de.

Weitere Veröffentlichungen des Autors:
Augspurger, Th. & Grossmann, Sch. & Gutjahr, L. & Schumann, D. (2007): Englisch für die Personalarbeit. Planegg: Haufe Verlag
Augspurger, Th. (2008): Konstruktiv führen: Vom Vorgesetzten zur konstruktiven Führungskraft. Gelnhausen: Triga
Augspurger, Th. (2000): Identifikation von Erfolgsfaktoren des Wissensmanagements – Unter Berücksichtigung der Human-Resources Perspektive. Hamburg: Diplomica Verlag

Film- und Literaturtipps

Die folgenden Film- und Literaturtipps dienen zur Annäherung an die jeweiligen Themenbereiche und deren Vertiefung. Damit Sie sich den Inhalten und Erkenntnissen nicht nur mit dem Verstand nähern, empfehle ich unbedingt die Filmtipps zu nutzen. Neben der Tatsache, dass diese einfach Spaß machen, was alleine der Gelassenheit förderlich ist, bekommen Sie einen sehr guten „emotionalen" Eindruck des jeweiligen Themengebiets und bereiten somit zuerst den „Bauch" vor, damit der Verstand stimmig „nachziehen" kann. Achtung: manche Filme zeigen auch, wie man es nicht machen sollte!

Das Lotusblütenprinzip

Filmtipps:
Billy Elliot (2000), Erin Brockovich (2000), Chariots of fire (1981), Die Legende von Bagger Vance (2000). Gandhi (1982).

Literaturtipps:
Dae Poep Sa Nim. (2005): Der Duft der Lotusblüte: Mitten im Alltag zu innerer Freiheit finden. Darmstadt: Schirner Verlag

Deeg, M. (2007): Das Lotos-Sutra. Darmstadt: Primus Verlag

Peters-Kühlinger, G. & John, F. (2006): Mit Druck richtig umgehen. Planegg: Haufe Verlag

Radecki, M. (2007): Nein sagen: Die besten Strategien. Planegg: Haufe Verlag

Emotionen – ein notwendiges Übel?

Filmtipps:
Alle Raumschiff Enterprise Folgen, Equilibrium (2002). AI.- künstliche Intelligenz. (2001), Der 200 Jahre Mann (1999).

Literaturtipps:
Damasio, A. R. (2002): Ich fühle also bin ich: Die Entschlüsselung des Bewusstseins. München: List

Häusel, H. G. (2008): Think Limbic! Planegg: Haufe Verlag

Holodynski, M. (2005): Emotionen - Entwicklung und Regulation. Heidelberg: Springer

Lelord, F. & André, Ch. (2008): Die Macht der Emotionen: und wie sie unseren Alltag bestimmen. München: Piper Verlag

Rosenberg, M. B. (2007): Was deine Wut dir sagen will: überraschende Einsichten. Paderborn: Junfermann-Verlag

Virani, A. (2007): Gefühle: eine Gebrauchsanweisung. V.C.S. Dittmar

Die fundamentalen Antreiber

Filmtipps:
Und Täglich grüßt das Murmeltier (1993), Patch Adams (1998), Good Will Hunting (1997).

Literaturtipps:
Berne, E. (2005): Spiele der Erwachsenen: Psychologie der menschlichen Beziehungen. Reinbek: Rowohlt Taschenbuch Verlag

Friedrichs, J. (2008). Gestatten: Elite. Auf den Spuren der Mächtigen von morgen. Hamburg: Hoffmann und Campe

Harris, Th. A. (2005): Ich bin o.k., Du bist o.k: Wie wir uns selbst besser verstehen und unsere Einstellung zu anderen verändern können, eine Einführung in die Transaktionsanalyse. Reinbek: Rowohlt Taschenbuch Verlag

Mallinger, A. E. et al (1998): Nie wieder perfekt. Die Kunst, loszulassen. Zürich: Oesch Verlag

Woran glauben Sie?

Filmtipps:
Die Glücksritter (1983), Die zwölf Geschworenen (1957), Der Club der toten Dichter (1989), Die letzte Festung (2001).

Literaturtipps:
Ackermann, K. (2007): Wie man es trotzdem schafft: Veränderungen statt Vermeidungsstrategien. Lahr: Johannis-Verlag

Dilts, R. B. (2006): Die Veränderung von Glaubenssystemen. Paderborn: Junfermann-Verlag

Foerster von, H. et al. (2008): Einführung in den Konstruktivismus. München: Piper Verlag

Frädrich, St. (2004): Günter, der innere Schweinehund: Ein tierisches Motivationsbuch. Offenbach: Gabal

Grochowiak, K. (2004): Die Arbeit mit Glaubenssätzen: Als Schlüssel zur seelischen Weiterentwicklung. Darmstadt: Schirner

Kotter, J. (2006): Das Pinguin-Prinzip: Wie Veränderung zum Erfolg führt. München: Droemer Knaur

Walsch, N. D. (2008): Gespräche mit Gott. Ein ungewöhnlicher Dialog. München: Arkana Verlag

Watzlawick, P. (2007): Wie wirklich ist die Wirklichkeit? München: Piper Verlag

Ein pragmatisches (Ärger-) Persönlichkeitsmodell

Filmtipps:
Und dann kam Polly (2004), Die Wutprobe (2003), Geschenkt ist noch zu teuer (1986). Reine Nervensache (1999).

Literaturtipps:
Asendorpf, J. (2007): Psychologie der Persönlichkeit. Berlin: Springer-Verlag

Birkenbihl, V. F. (2006): Jeden Tag weniger ärgern! Das Anti-Ärger-Buch. 59 konkrete Tipps, Techniken, Strategien. München: Redline

Boerner, M. (2005): 30 Minuten für die Auflösung von Ärger und Frustration. Offenbach: Gabal Verlag

Immenroth, M. & Joest, K. (2004): Psychologie des Ärgers: Ursachen und Folgen für Gesundheit und Leistung. Stuttgart: Kohlhammer

Thomann, Ch. et al. (1988): Klärungshilfe. Reinbek: Rowohlt Taschenbuch Verlag

Die „Wohlfühl"- Kommunikation

Filmtipps:
Thank you for Smoking (2005), Das Schweigen der Lämmer (1991), Eine Frage der Ehre (1992), Kap der Angst (1991).

Literaturtipps:
Gordon, Th. (2002): Managerkonferenz. München: Heyne Verlag

Merten, J. (2003): Einführung in die Emotionspsychologie. Stuttgart: Kohlhammer

Schulz von Thun, F. (1981): Miteinander reden. Reinbek: Rowohlt Taschenbuch Verlag

Simon, F. B. & Rech-Simon, Ch. (2007): Zirkuläres Fragen. Systemische Therapie in Fallbeispielen: Ein Lernbuch. Heidelberg: Carl Auer-Verlag

Rosenberg, M. B. (2007): Gewaltfreie Kommunikation: Eine Sprache des Lebens. Paderborn: Junfermann-Verlag

Vester, F. (1993): Phänomen Stress: Wo liegt sein Ursprung, warum ist er lebenswichtig, wodurch ist er entartet? München: Deutscher Taschenbuch Verlag

Watzlawick, P. et al. (2007): Menschliche Kommunikation. Bern: Huber Verlag

Entscheidungen gelassen treffen

Filmtipps:
Die Entscheidung –. eine wahre Geschichte (2002), Feld der Träume (1989), Butterfly Effect (2004), Die Unbestechlichen (1987), Matrix (1999).

Literaturtipps:

Ariely, D. (2008): Denken hilft zwar, nützt aber nichts: Warum wir immer wieder unvernünftige Entscheidungen treffen. München: Droemer Knaur

Eisenführ, F. & Weber, M. (2002): Rationales Entscheiden. Berlin, Heidelberg: Springer-Verlag

Gladwell, M. (2008): Blink!: Die Macht des Moments. München: Piper Verlag

Nöllke, M. (2008): Entscheidungen treffen. Schnell, sicher, richtig. Planegg: Haufe Verlag

Schmidt, G. (2007): Liebesaffären zwischen Problem und Lösung. Hypnosystemisches Arbeiten in schwierigen Kontexten. Heidelberg: Carl-Auer-Systeme Verlag

Schulz von Thun, F. & Stegemann, W. (Autor) (2004): Das innere Team in Aktion. Praktische Arbeit mit dem Modell. Reinbek: Rowohlt Taschenbuch Verlag

Storch, M. (2008): Das Geheimnis kluger Entscheidungen. München: Goldmann Verlag

Wohlfühl-Übungen

Filmtipps:
Das Glücksprinzip (2000), Little Buddha (1993), Zoff in Beverly Hills (1986), Last Samurai (2003).

Literaturtipps:
Bodian, St. (2006): Meditation für Dummies: Wirken Sie mit Meditation dem Alltagsstress entgegen und steigern Sie ihr Wohlbefinden. Weinheim: Wiley-VCH Verlag

Byron, K.: The Work (www.thework.org).

Csikszentmihalyi, M. (2004): Flow im Beruf. Das Geheimnis des Glücks am Arbeitsplatz. Stuttgart: Klett-Cotta Verlag

Dalai Lama & Cutler, H. C. (2000): Die Regeln des Glücks. Bergisch Gladbach: Lübbe Verlag

Giacobbe, G. C. (2008): Zum Buddha werden in 5 Wochen. München: Arkana Verlag

McKay, M. et al. (2008): Selbstwert. Die beste Investition Ihres Lebens. Paderborn: Junfermann-Verlag

Seligman, M. E. P. (2005): Der Glücks-Faktor: Warum Optimisten länger leben. Bergisch Gladbach: Lübbe Verlag

Kritisches Feedback optimal nutzen

Filmtipps:
Der Pate (1972), Alle Dr. House Folgen, American Beauty (1999), Million Dollar Baby (2004), Rain Man (1988), Breakfast Club (1985), Einer flog über das Kuckucksnest (1975).

Literaturtipps:
Benien, K. & Schulz von Thun, F. (2003): Schwierige Gespräche führen. Reinbek: Rowohlt Taschenbuch Verlag

Kratz, H. J. (2005): 30 Minuten für richtiges Feedback. Offenbach: Gabal Verlag

Vilsmeier, C. (2000): Feedback geben - mit Sprache handeln. Spielregeln für bessere Kommunikation. Düsseldorf, Berlin: Metropolitan

Wardetzki, B. (2007): Ohrfeige für die Seele: Wie wir mit Kränkung und Zurückweisung besser umgehen können. München: Kösel-Verlag

Yager, J. (2005): Ich dachte, wir sind Freunde! Wenn Freundschaft weh tut. München: mvg Verlag

Gelassener Umgang mit Konflikten

Filmtipps:

Mary Reilly (1996), American History X (1998), Wall Street (1987), Mrs. Doubtfire (1993), Uhrwerk Orange (1971), Eyes wide shut (1999), Glauben ist Alles! (2000).

Literaturtipps:

Berkel, K. (2008): Konflikttraining: Konflikte verstehen, analysieren, bewältigen. Frankfurt: Verlag Recht und Wirtschaft

Dannemeyer, P. (2007): Konflikte lösen: Rechtzeitig erkennen, erfolgreich vorbeugen. Wege aus der Streitfalle. München: Gräfe und Unzer Verlag

Fehlau, E. G. (2008): Konflikte im Beruf: Erkennen, lösen, vorbeugen. Planegg: Haufe Verlag

Glasl, F. (2007): Selbsthilfe in Konflikten: Konzepte, Übungen, Praktische Methoden. Stuttgart: Verlag Freies Geistesleben

Hertel von, A. (2008): Professionelle Konfliktlösung: Führen mit Mediationskompetenz. Frankfurt: Campus Verlag

Schulz, R. (2007): Toolbox zur Konfliktlösung: Konflikte schnell erkennen und erfolgreich bewältigen. Frankfurt: Eichborn Verlag

Verhandeln ohne Reue

Filmtipps:
Verhandlungssache (1998), Basic (2003), Nicht auflegen (2003), Lebenszeichen (2000).

Literaturtipps:
Fisher, R. et al. (2004): Das Harvard - Konzept: Klassiker der Verhandlungstechnik. Frankfurt: Campus Verlag

Macioszek, H. G. (2000): Chruschtschows dritter Schuh: Anregungen für geschäftliche Verhandlungen. Hamburg: Ulysses Verlag

Nöllke, M. (2007): Machtspiele: Die Kunst, sich durchzusetzen von. Planegg: Haufe Verlag

Schranner, M. (2001): Verhandeln im Grenzbereich: Strategien und Taktiken für schwierige Fälle. Berlin: Econ Verlag

Schranner, M. (2006): Der Verhandlungsführer: Strategien und Taktiken, die zum Erfolg führen. München: Deutscher Taschenbuch Verlag

Weidner, J. (2007): Die Peperoni-Strategie: So setzen Sie Ihre natürliche Aggression konstruktiv ein. Frankfurt: Campus Verlag

Handlungsfähig trotz Restriktionen

Filmtipps:
Mein linker Fuß (1989), Cast away (2000), Das Streben nach Glück (2006), Die Maske (1985), Forrest Gump (1994).

Literaturtipps:
Baus, L. (2008): Da hilft nur leben: Wie chronische Krankheiten zur Chance werden können. München: Pendo Verlag

Kübler-Ross, E. (2005): Erfülltes Leben - würdiges Sterben. Gütersloh: Gütersloher Verlagshaus

Peseschkian, N. (2008): Es ist leicht, das Leben schwer zu nehmen. Aber schwer, es leicht zu nehmen,/Klug ist jeder. Der eine vorher, der andere nachher: Geschichten und Lebensweisheiten. Freiburg: Verlag Herder

Sprenger, R. K. (2007): Mythos Motivation: Wege aus einer Sackgasse. Frankfurt: Campus Verlag

Wengenroth, M. (2008): Das Leben annehmen. So hilft die Akzeptanz- und Commitmenttherapie (ACT). Bern: Verlag Hans Huber

Young, J. E. & Klosko, J. S. (2008): Sein Leben neu erfinden: Wie Sie Lebensfallen meistern. Den Teufelskreis selbstschädigenden Verhaltens durchbrechen... Und sich wieder glücklich fühlen. Paderborn: Junfermann-Verlag

Entspannt mit der Zeit umgehen

Filmtipps:
Apollo 13 (1995), The Kid (2000), Tod eines Handlungsreisenden (1985), Aus der Mitte entspringt ein Fluss (1997), Die Zeitmaschine (1960). Der Flug des Phoenix (1965).

Literaturtipps:
Covey, St. R. (2005): Die 7 Wege zur Effektivität: Prinzipien für persönlichen und beruflichen Erfolg. Offenbach: Gabal Verlag

Covey, St. R. et al. (2007): Der Weg zum Wesentlichen: Der Klassiker des Zeitmanagements. Frankfurt: Campus Verlag

Knoblauch, J. & Wöltje, H. (2006): Zeitmanagement. Planegg: Haufe Verlag

Seiwert, L. J. (2004): Das Bumerang-Prinzip. Mehr Zeit fürs Glück. München: Deutscher Taschenbuch Verlag

Seiwert, L. J. (2007): Das neue 1x1 des Zeitmanagement: Zeit im Griff, Ziele in Balance. Kompaktes Know-how für die Praxis. München: Gräfe und Unzer Verlag

Watzlawick, P. (2008): Anleitung zum Unglücklichsein. München: Piper Verlag

Der größte „Prüfstein" für Gelassenheit: Beziehungen

Filmtipps:
Alle Folgen der Schrecklich netten Familie, Lost in Translation (2003), Harold und Maude (1971), Der Rosenkrieg (1989), Filofax- ich bin ich und du bist nichts (1990), Fight Club (1999).

Literaturtipps:

Gier, K. (2008): Gegensätze ziehen sich aus. Bergisch Gladbach: Lübbe Verlag

Jellouschek, H. (2007): Die Kunst als Paar zu leben. Stuttgart: Kreuz-Verlag

Kane, A. & Kane, S. (2005): Das Geheimnis wundervoller Beziehungen: Durch unmittelbare Transformation. Oberstdorf: Windpferd Verlagsgesellschaft

Peseschkian, N. (2006): Auf der Suche nach Sinn: Psychotherapie der kleinen Schritte. Frankfurt: Fischer Taschenbuchverlag

Röhr, H. P. (2008): Wege aus der Abhängigkeit: Destruktive Beziehungen überwinden. München: Deutscher Taschenbuch Verlag

Schur, W. & Weick, G. (2004): Wahnsinnskarriere: Wie Karrieremacher tricksen, was sie opfern, wie sie aufsteigen. Frankfurt: Eichborn Verlag

Tichy, A. & Leidig, G. (2003): Happy Money. Den entspannten Umgang mit Geld entdecken. Frankfurt: Campus Verlag

Watzlawick, P. (2008): Wenn du mich wirklich liebtest, würdest du gern Knoblauch essen: Über das Glück und die Konstruktion der Wirklichkeit. München: Piper Verlag

Studie von Buston, P. & Emlen, St.: www.pnas.org/content/100/15/8805.full.pdf.

Studie von DeBruine, L.: Proceedings of the Royal Society: Biological Sciences (Online-Vorabveröffentlichung, DOI: 10.1098/rspb. 2004. 2824).

Studie von Glass, Th.: http://www.hno.harvard.edu/gazette/1999/09.16/social.html.